普通高等教育精品系列教材

U0177966

工程力学实验

主编　郑碧玉　李新波

参编　张亚亭　秦于越　靳玉佳

西安电子科技大学出版社

内 容 简 介

本书是编者根据高等学校理工科力学基础课程和力学专业实验教学基本要求，依照国家相关规范和标准，总结多年实验教学和改革的经验编写而成的。本书主要内容包括工程力学基础实验、提高拓展性实验、动态测试分析与实验。

本书可作为高等院校工科类力学专业实验教学用书，也可供从事材料性质研究、动力性能分析的人员及工程测试技术人员参考。

图书在版编目(CIP)数据

工程力学实验 / 郑碧玉，李新波主编. —西安：
西安电子科技大学出版社，2021.12
ISBN 978 - 7 - 5606 - 6227 - 5

Ⅰ. ①工… Ⅱ. ①郑… ②李… Ⅲ. ①工程力学—实验
Ⅳ. ①TB12 - 33

中国版本图书馆 CIP 数据核字(2021)第 213306 号

策划编辑 刘小莉 刘玉芳
责任编辑 汪 飞 刘小莉
出版发行 西安电子科技大学出版社(西安市太白南路 2 号)
电　　话 (029)88202421 88201467 　　邮　编 710071
网　　址 www.xduph.com 　　　　电子邮箱 xdupfxb001@163.com
经　　销 新华书店
印刷单位 陕西精工印务有限公司
版　　次 2021 年 12 月第 1 版 2021 年 12 月第 1 次印刷
开　　本 787 毫米×960 毫米 1/16 印张 12.5
字　　数 151 千字
印　　数 1～2000 册
定　　价 32.00 元
ISBN 978 - 7 - 5606 - 6227 - 5 / TB

XDUP 6529001 - 1

* * * 如有印装问题可调换 * * *

前　　言

在工科院校中，基础课教学实验对培养学生工程意识和创新精神，提升学生实验设计能力、动手能力及力学建模能力都具有非常重要的意义。

本书是由长安大学力学实验教学中心的多位教师根据多年来从事基础力学和力学专业实验教学的经验编写而成的，书中对实验教学工作进行了认真总结并对内容进行了合理编排。

近年来，力学实验教学在实验内容、实验设备、实验方法及实验手段上均有不同程度的变化，本书在内容选择时充分考虑了这一状况。本书内容分为工程力学基础实验、提高拓展性实验、动态测试分析与实验，共三章。第一章包括金属材料的拉伸实验、压缩实验、扭转及剪切模量测量实验、冲击实验等基础实验，这些实验都加进了新修订的国家标准，拓宽了实验内容。第二章是对基础实验的补充、延伸和拓展，力求以工程实际为背景，介绍测试技术较为复杂、测试方法较为实用的工程力学实验。第三章基于梁、建筑房屋模型等不同结构在工程实际中的应用，系统阐述了各种结构的动态测试分析方法，以培养学生独立分析和解决工程实际问题的能力。近年来实验教学设备大量更新，因此本书还介绍了较为先进的实验设备，如微机控制电子万能试验机、微机控制扭转试验机和两种自动平衡数字电阻应变仪等。

本书由郑碧玉、李新波任主编，由张亚亭、秦于越和靳玉佳任参编。本书得到长安大学 2020 年校级教材项目资助。长安大学工程力学系张红艳教授和邓庆田博士审阅了全书并提出了精辟中肯的修改意见，在此致以衷心感谢！

限于编者水平，书中难免有疏漏和不足之处，恳请广大师生和读者批评指正。

编　者

2021 年 6 月

目　　录

第一章 工程力学基础实验

材料力学性能是指材料在静载荷、冲击载荷、交变载荷或环境（高温、低温或腐蚀条件）介质等作用下抵抗变形和断裂的能力。材料力学性能包含材料的强度、塑性、硬度和韧性等，它与材料自身的化学成分和微观组织结构有关系，是材料的宏观性能。

材料力学性能测试实验是工程材料质量控制（例如：HPB300 钢筋需同时满足 4 个要求，即屈服强度 $R_{eL} \geqslant 300$ MPa，抗拉强度 $R_m \geqslant 420$ MPa，断后伸长率 $A \geqslant 25\%$ 和最大力总伸长率 $A_{gt} \geqslant 10.0\%$）的需要，也是工程设计人员和材料研究人员确定材料本构模型（材料的本构模型一般采用材料的应力-应变关系来描述，比如材料力学教材里采用的胡克定律模型，再比如对于金属材料大变形量、高应变率和高温时采用的 Johnson-Cook 模型）的需要。

实验一 金属材料拉伸实验

一、实验目的

材料拉伸实验是材料力学性能测试实验中最基本、最常用的一个实验，本实验目的：

(1) 熟悉万能试验机的使用原理和操作方法（参见附录 B）。

(2) 测量材料拉伸时力与变形的关系，观察试件的断裂现象。

(3) 测量材料的强度指标，如屈服强度 R_{eL}、抗拉强度 R_m。

(4) 测量材料的塑性指标，如断后伸长率 A、断面收缩率 Z。

（5）比较塑性材料与脆性材料在拉伸时的力学性能。

二、基本原理

本实验依据《金属材料 拉伸试验 第 1 部分：室温试验方法》（GB/T 228.1—2010），在室温下，对比例试件缓慢施加轴向拉力直至断裂，进而测量材料的拉伸性能。

进行拉伸实验时，外力必须通过试件轴线，以确保试件处于单向应力状态。通过万能试验机的自动绘图功能，记录试件拉力与轴向变形的数据，绘制 $F-\Delta l$ 曲线。$F-\Delta l$ 曲线的定量关系不仅取决于试件材质，而且受试件几何尺寸的影响。为了消除试件几何尺寸的影响，用名义应力-名义应变曲线（即 $\sigma-\varepsilon$ 曲线）来代替 $F-\Delta l$ 曲线。

试件的名义应力：

$$\sigma = \frac{F}{S_0} \tag{1-1}$$

试件的名义应变：

$$\varepsilon = \frac{\Delta l}{l_0} \tag{1-2}$$

式（1-1）和式（1-2）中：

F——施加到试件上的轴向拉力，单位为 kN；

S_0——实验前试件的横截面积，单位为 mm^2；

Δl——试件标距的轴向伸长量，单位为 mm；

l_0——实验前试件的标距（即用来度量试件长度变形大小的规定尺寸），单位为 mm。

低碳钢和铸铁拉伸曲线如图 1-1 所示。低碳钢是典型的塑性材料。可将低碳钢试件拉伸曲线[见图 1-1(a)]人为地划分为四个阶段：弹性阶段（OA 段）、屈服（流动）阶段（BC 段）、强化阶段（CD

段)和颈缩阶段(DE 段)。图中 E 点表示试件断裂,此后,试件的弹性变形消失,塑性变形则遗留在断裂的试件上。材料的塑性通常用试件断裂后的残余变形来衡量。工程上通常按断后伸长率 A 的大小把材料分为两类:$A \geqslant 5\%$ 的材料为塑性材料;$A < 5\%$ 的材料为脆性材料。

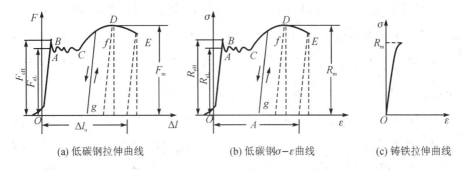

(a) 低碳钢拉伸曲线　　(b) 低碳钢 $\sigma - \varepsilon$ 曲线　　(c) 铸铁拉伸曲线

图 1-1　试件拉伸曲线图

实验结果表明:低碳钢颈缩部分的集中变形在总变形中占很大比重(如图 1-2 所示),集中变形对总变形的贡献随着试件标距的变大而变小,也就是说相同材质、相同截面尺寸的试件,$l_0 = 10d_0$ 试件比 $l_0 = 5d_0$ 试件断后延伸率小,即 $A_{10} < A_5$。测试断后伸长率时,颈缩部分及其影响区的塑性变形都应包含在 l_0 之内,若断口落在标距之外,则实验无效。

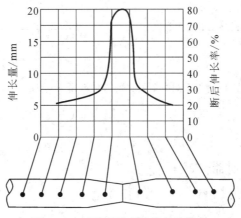

图 1-2　试件颈缩各分格的伸长量

低碳钢断裂时有很大的塑性变形,断口形状为杯锥状,断口中心区为发射性结晶状组织,断口周边有与试件轴线成 45°的剪切唇,该剪切唇为暗灰色纤维状组织。

铸铁是典型的脆性材料,其拉伸曲线如图 1-1(c)所示,其拉伸过程可近似认为是经弹性阶段直接过渡到断裂,其强度指标只有 R_m。铸铁拉伸脆断是在没有任何预兆的情况下突然发生的,因此这类材料若使用不当,极易发生事故。铸铁断口为横截面断裂。断面平齐,为闪光的结晶状组织。

很多工程材料的拉伸曲线介于低碳钢和铸铁之间,常常只有两个或三个阶段,如图 1-3(a)所示。对于没有明显屈服阶段的塑性材料,取规定的塑性延伸率对应的应力作为名义屈服强度,一般记为 $R_{P0.2}$,下标 0.2 是指名义应变 $\varepsilon = 0.2\% = 0.002$。$R_{P0.2}$ 取值方法如图 1-3(b)所示。

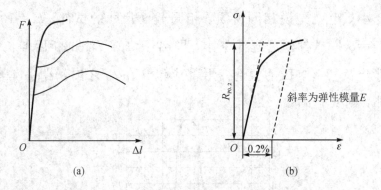

图 1-3　不同类型材料的拉伸图及 $R_{P0.2}$ 取值方法

三、仪器设备

(1) 试件分划器。

(2) 游标卡尺(精度:0.02 mm)。

(3) 万能试验机(精度:1 级)。

四、实验方法和步骤

(1) 准备试件。

取样方法：试件一般从产品、压制坯或铸件截取样坯经机加工制成，对具有恒定横截面的产品（型材、棒材、线材等）和铸造试件（铸铁和铸造非铁合金）可以不经机加工而截取足够长的一段作为试件。

试件尺寸：按照实验规范规定，应当采用比例试件。比例试件的标距有两种规定。

短比例试件：

$$l_0 = 5.65\sqrt{S_0} \ (\text{推荐使用}) \qquad (1-3)$$

长比例试件：

$$l_0 = 11.3\sqrt{S_0} \qquad (1-4)$$

若试件截面为圆形，则短比例试件：

$$l_0 = 5.65\sqrt{S_0} = 5\sqrt{\frac{4S_0}{\pi}} = 5d_0 \qquad (1-5)$$

长比例试件：

$$l_0 = 11.3\sqrt{S_0} = 10\sqrt{\frac{4S_0}{\pi}} = 10d_0 \qquad (1-6)$$

制备试件：拉伸试件一般由三部分组成，即工作部分、过渡部分和夹持部分（见图 1-4）。工作部分必须保持光滑均匀以确保试件表面的单向应力状态。均匀部分的有效工作长度 l_0 称作标距。d_0、S_0 分别代表工作部分的原始直径和原始横截面积。过渡部分必须有适当的台肩和圆角，以降低应力集中，保证该处不会断裂。试件两端的夹持部分用以传递载荷，其形状尺寸应与万能试验机的钳口相匹配。本次试件设计为圆截面，$d_0 = 10 \text{ mm}$，$l_0 = 100 \text{ mm}$。

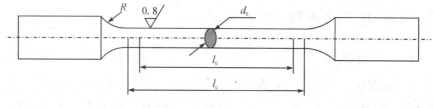

图 1-4　圆截面的拉伸试件

（2）定标。用试件分划器在试件上刻划 5 mm 或 10 mm 分格线，确定标距位置。

（3）测量。用游标卡尺测量试件直径 d_0 及标距 l_0。在试件标距内的中部及两端共三个截面上测量直径，每个截面测量相互垂直的两个方向的直径并取其平均值，取三个截面中直径最小值作为试件的计算直径。

（4）打开测控程序。打开万能试验机的测试软件，检查软件连接是否正常。

（5）调节夹头位置。用试件比划加载位置，调整上夹头到合适位置。

（6）安装试件和调零传感器数据。按照几何对中法安装试件，先把试件装入上夹头，试件夹持部分控制在上夹头下部约 1/3 处，夹紧试件。然后把力传感器、位移传感器等所有传感器的数据调零。最后打开下夹头，调整上夹头使试件夹持部分控制在下夹头上部约 1/3 处，夹紧试件。

（7）设定实验方案。输入实验方案名称，选择试件的形状并输入尺寸，输入加载速度（在弹性范围阶段，当材料弹性模量 $E < 150$ GPa 时应力速度取 $2\sim20$ MPa/s；当材料弹性模量 $E \geqslant 150$ GPa 时应力速度取 $6\sim60$ MPa/s。从屈服开始到屈服完成前，应变速率取 $0.000\ 25\sim0.002\ 5$ s^{-1}。从强化开始直至断裂，应变速率可取不大于 0.008 s^{-1}），选择显示 F-Δl 图形，设置停机条件[设置最大载荷（防止超载）和

断裂判断条件],保存实验方案。

(8) 开始实验。运行程序,对试件加载轴向拉力直至试件断裂。

(9) 结束实验。当试件断裂,万能试验机停机后,取下断裂试件。把断裂后的试件两段对接起来测量断后标距 l_u 和断口处最小直径 d_u。打开万能试验机的测试软件的"数据处理",记录低碳钢材料的屈服力和最大力,观察断口情况;记录铸铁材料的最大力,观察断口情况。

五、注意事项

(1) 本实验为静载荷实验,加载速度必须缓慢均匀。

(2) 实验时听见异常声音或发生任何故障,应立即按下急停键停止加载。

(3) 实验后,取出断裂试件时严禁操作加力平台,防止出现安全事故。

六、数据处理

1. 强度指标计算

对于低碳钢材料,屈服强度为

$$R_{eL} = \frac{F_{eL}}{S_0} \tag{1-7}$$

抗拉强度为

$$R_m = \frac{F_m}{S_0} \tag{1-8}$$

对铸铁材料,抗拉强度为

$$R_m = \frac{F_m}{S_0} \tag{1-9}$$

2. 塑性指标的计算

对于低碳钢材料,断后伸长率为

$$A = \frac{l_u - l_0}{l_0} \times 100\% \qquad (1-10)$$

断面收缩率为

$$Z = \frac{S_0 - S_u}{S_0} \times 100\% \qquad (1-11)$$

3. 断口移中法

若试件断口不在标距中间三分之一范围内,应采用断口移中的方法计算 l_u 长度。断口移中法:实验前在试件标距内等分刻划 10 个格子,实验后,将试件对接在一起,以断口为起点 O,在长段上取基本等于短段的格数得 B 点,再按下述方法处理。

(1) 当长段所余格数为偶数时,如图 1-5 所示,则量取长段所余格数的一半,得 C 点,有

$$l_u = AO + OB + 2BC \qquad (1-12)$$

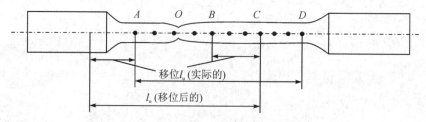

图 1-5　长段所余格数为偶数的断口移中法

(2) 当长段所余格为奇数时,如图 1-6 所示,则先将长段上所余格数减 1 再取一半,得 C 点,最后由 C 点向后移一格得 C_1 点,有

$$l_u = AO + OB + BC + BC_1 \qquad (1-13)$$

当断口非常靠近试件两端的夹持部分,且与某一端的夹持部分的距离等于或小于直径的两倍时,则认为实验结果无效,需要重新实验。

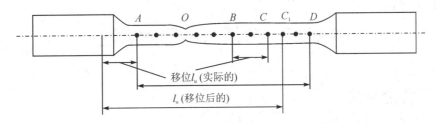

图 1-6 长段所余格数为奇数的断口移中法

七、思考题

（1）材料和直径相同而标距不同的试件，断后伸长率是否相同？为什么？

（2）比较分析低碳钢和铸铁两种材料在拉伸时的力学性能及断口特征。

（3）为什么低碳钢在拉伸时没有在最大力处断裂而是出现颈缩现象，最终在拉力变小后断裂？

（4）钢筋的冷拉和钢筋的冷拔（将钢筋在常温下强力通过特制的直径逐渐减小的钨合金拔丝模孔，使钢筋产生塑性变形，以改变其力学性能）有什么不同？

实验二　金属材料压缩实验

一、实验目的

（1）熟悉压力试验机的使用原理和操作方法。

（2）测量低碳钢的压缩屈服强度和铸铁的抗压强度。

（3）观察低碳钢和铸铁压缩时形状尺寸的变化，分析铸铁试件断裂的原因。

二、基本原理

本实验依据《金属材料室温压缩试验方法》（GB/T 7314—2017），在室温下，沿压缩试件轴向施加递增的单向压缩力，测量材料相关压缩性能。

压缩实验是在压力试验机上进行的。压力试验机的球形承垫应位于试件下端，如图 1 - 7 所示。当试件两端面略有不平行时，球形承垫可以自动调节，使压力趋于均匀分布。硬度较高的试件两端应垫以合适的硬质材料做成的垫板，实验后，垫板板面不应有永久变形。垫板上下两端面的平行度应不低于 1：0.0002 mm/mm，垫板表

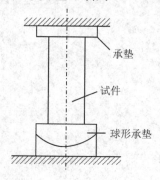

承垫

试件

球形承垫

图 1 - 7　压缩时球形承垫图

面粗糙度 Ra 不应大于 $0.8\ \mu m$。

　　本实验使用低碳钢和铸铁试件，试件压缩后的形状如图 1-8 所示。

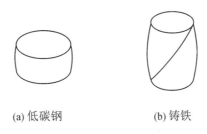

(a) 低碳钢　　　　　　(b) 铸铁

图 1-8　试件压缩后的形状图

　　低碳钢试件压缩时的 $F-\Delta l$ 曲线（如图 1-9 所示）在屈服前与拉伸时相似。图 1-9 中 OA 为弹性阶段，B 点为屈服点。屈服阶段后，试件横截面随载荷增加而逐渐增大，最后试件被压成饼状但不破裂，故无法测得最大载荷并求得抗压强度，本实验只需求得压缩屈服强度 R_{eL} 即可。压缩屈服强度 R_{eL} 为

$$R_{eL}=\frac{F_{eL}}{S_0} \tag{1-14}$$

式中：F_{eL}——屈服载荷，单位为 kN；

　　　　S_0——实验前的试件横截面积，单位为 mm^2。

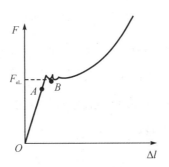

图 1-9　低碳钢压缩曲线

　　铸铁试件受压时，其压缩曲线如图 1-10 所示。测取最大力

F_m，计算出抗压强度 R_m（$R_m = F_m/S_0$）。铸铁受压后呈微鼓形直至断裂，试件断裂面将出现与试件横截面成 $45°\sim50°$ 的倾斜裂纹，这是因为铸铁在受压时先达到剪力极限而断裂。

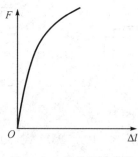

图 1-10　铸铁压缩曲线

三、仪器设备

（1）游标卡尺（精度：0.02 mm）。

（2）压力试验机（精度：1 级）。

四、实验方法和步骤

（1）准备试件。试件形状与尺寸：当试件压缩时，试件端部横向受到端面与压力试验机承垫间的摩擦力影响，导致试件变形呈"微鼓形"。这种摩擦力的影响，使试件抗压能力增强。试件愈短，影响愈加显著。当试件高度相对增加时，这种摩擦力对试件中部的影响就会减少，但如果试件过于细长，又容易产生侧向弯曲而失稳。因此，压缩实验需要控制试件原始长度 l 与原始直径 d 的比值。对于横截面为圆形的试件，试件原始直径 $d = [(10\sim20)\pm0.05]$ mm，则对试件原始长度 l 有：

① $l = (1\sim2)d$ 的试件适用于测量 R_m。

② $l = (2.5\sim3.5)d$ 的试件适用于测量 R_p、R_{eH}、R_{eL}、R_m。

③ $l = (5 \sim 8)d$ 的试件适用于测量 $R_{p0.01}$、E_c。

为了使试件仅承受轴向压力，试件两端必须平行，而且试件两端与试件轴线必须垂直。试件两端面应制作光滑以减少摩擦力的影响。对圆柱体试件的要求如图 1-11 所示。

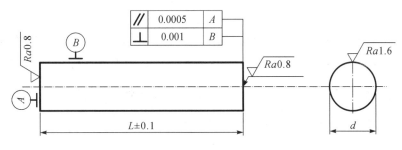

图 1-11　压缩试件尺寸示意图

（2）测量尺寸。对圆柱体试件，在试件中部，用游标卡尺测量相互垂直的两个方向的直径，并取其平均值作为试件原始直径。

（3）调整上压板位置。手动调整上压板位置，保证压缩实验有足够的操作空间。必要时在下压板上放置合适的硬质垫板。

（4）打开测控程序。打开压力试验机的测试软件，检查软件连接是否正常，点击"调整"模块中的"停止"键。

（5）调整下压板位置。调整下压板，使之从最低处上升到 5 mm 左右位置，关闭油阀。

（6）几何对中。将试件放在压力试验机下压板中心，确保沿着试件轴心加力。

（7）调零。将所有传感器数据调零。

（8）压实试件。手动调整上压板使之压实试件（载荷传感器读数不超过 1 kN），关闭防护罩。

（9）设定实验方案。输入实验方案名称，选择试件的形状并输入尺寸，依据规范输入加载速度（一般设置应变速率为 0.005 min^{-1}，用载荷控制或者位移控制时可设置相当于应变速率为 0.005 min^{-1} 的速度),设置停机条件(一般设置最大载荷和断裂判断条件),保存实验方案。

(10) 开始实验。点击"试验",打开已编辑好的程序,点击"运行"。

(11) 结束实验。当"停止"键由亮色变为灰色时,表明实验结束。此时可点击"调整"模块中的"下降"键,点击"5%"速度键,先缓慢卸载到载荷传感器读数为 1 kN 左右时再点击"快速回油"。当下压头下降到合适位置后点击"快速回油"界面的"确认"键,再点击"调整"模块中的"停止"键,下压头停止下降。

(12) 读数。实验后取出试件。记录低碳钢材料的屈服力,观察实验后低碳钢试件的形状;记录铸铁材料的最大力,观察铸铁试件断口情况并测量断裂面与轴线的夹角。

五、注意事项

(1) 为使试件轴向受压,应尽量把试件放在上压板与下压板的中心线上。

(2) 加载速度要均匀缓慢。如果实验前试件与上压板有一定空间即空载时,用程序控制下压板上升时,当试件即将与上压板接触时,下压板上升的速度一定要减慢,使试件平稳地接触上压板。否则,容易发生突然加载或超载,从而使实验失败甚至危及人员和设备的安全。

(3) 在实验正式开始前,必须用防护罩把试件围起来。进行实验时,不要靠近试件观看,以防试件断裂时有碎屑飞出伤人。

(4) 实验结束后,先卸载再点击"快速回油",不能直接使下压头快速下降,否则会损伤压力试验机。

六、数据处理

（1）对于低碳钢材料，压缩屈服强度为

$$R_{eL} = \frac{F_{eL}}{S_0} \qquad (1-15)$$

对于铸铁材料，抗压强度为

$$R_m = \frac{F_m}{S_0} \qquad (1-16)$$

（2）分别画出两种材料的压缩曲线，说明其特点，并将其与各自拉伸图进行比较。

（3）画出低碳钢试件和铸铁试件实验前后的形状尺寸草图，并分析铸铁断裂的原因。

七、思考题

（1）压缩实验为什么要控制试件原始长度 l 与原始直径 d 的比值？

（2）铸铁断裂主要是由什么应力引起的？

（3）为什么铸铁拉伸时表现为脆断而压缩时却有明显的塑性变形？

实验三　金属材料扭转及剪切模量测量实验

一、实验目的

（1）熟悉微机控制扭转试验机的使用原理和操作方法（参见附录 C）。

（2）测量低碳钢和铸铁的剪切模量。

（3）测量低碳钢材料的扭转屈服强度 τ_{eL} 及抗扭强度 τ_m。测量铸铁的抗扭强度 τ_m。

（4）观察低碳钢和铸铁在扭转过程中的变形情况及断裂形式，并对断裂原因分别进行分析。

二、基本原理

本实验依据《金属材料 室温扭转试验方法》（GB/T 10128—2007），在室温下，通过图解法测量材料的剪切模量；在室温下，对试件施加扭矩直至试件断裂，测量材料的扭转力学性能。

正扭矩和负扭矩依据右手螺旋法则确定，右手四指的指向是扭矩方向，右手大拇指的指向与构件截面外法线指向相同时的扭矩为正扭矩，否则为负扭矩。

扭转实验是指试件两端被夹持在微机控制扭转试验机夹头中，一个夹头固定不动，另一个夹头绕轴转动，使试件产生扭转变形。测量材料的剪切模量时，通过扭矩传感器和扭角计分别测出扭矩 T 和标距两端截面的相对扭转角 Φ，绘出 T-Φ 曲线图，如图 1-12 所示。测量材料的扭转力学性能时，通过扭矩传感器和扭角传感器读得相应的扭矩 T 和两个夹头之间的相对扭转角 φ，绘出 T-φ 曲线图，如图 1 - 13 所示。

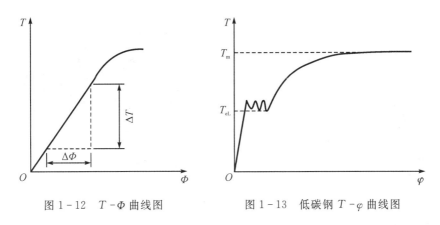

图 1 - 12　T - Φ 曲线图　　　　图 1 - 13　低碳钢 T - φ 曲线图

低碳钢试件受扭的最初阶段，扭矩 T 与扭转角 Φ 成正比关系，横截面上剪应力沿半径成线性分布，如图 1 - 14(a) 所示。随着扭矩 T 的增大，横截面边缘处的剪应力首先达到剪切屈服强度，塑性区逐渐向圆心扩展，形成环形塑性区，如图 1 - 14(b) 所示。随着扭矩的继续增大，材料屈服向中心扩展直到整个截面几乎都是塑性区，如图 1 - 14(c) 所示。

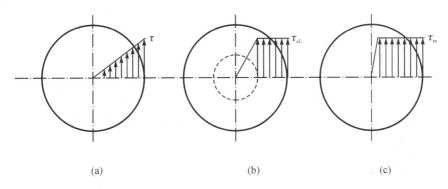

(a)　　　　　　　　(b)　　　　　　　　(c)

图 1 - 14　低碳钢试件扭转时的剪应力分布示意图

铸铁材料的扭转曲线如图 1 - 15 所示。铸铁试件在受扭时，其横截面处于纯剪应力状态，如图 1 - 16 所示。与轴线成 $\pm 45°$ 角的螺旋面，受到主应力分别为 $\sigma_1 = \tau$，$\sigma_3 = -\tau$ 的作用。

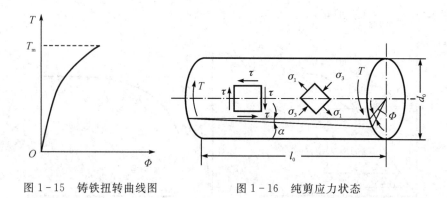

图 1-15　铸铁扭转曲线图　　　　　　图 1-16　纯剪应力状态

实验后，试件扭转断裂，其断口形式如图 1-17 所示。低碳钢试件为横截面断裂，如图 1-17(a)所示，它是沿最大剪应力的作用面发生断裂的，称为剪切断裂，故低碳钢材料的抗剪能力弱于抗拉(压)能力。铸铁试件为与轴线成 45°螺旋曲面断裂，如图 1-17(b)所示，断裂面垂直于最大拉应力 σ_1 方向，断面呈晶粒状，说明铸铁材料是当最大拉应力先达到其抗拉强度而发生断裂的，故铸铁材料的抗拉能力弱于抗压能力和抗剪能力。

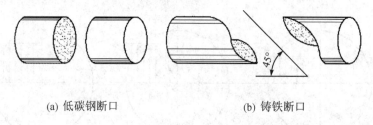

(a) 低碳钢断口　　　　　　　　　(b) 铸铁断口

图 1-17　扭转断口示意图

三、仪器设备

(1) 游标卡尺(精度：0.02 mm)。

(2) 扭角计(标距：100 mm，精度：0.5 级)。

(3) 微机控制扭转试验机(精度：1 级)。

四、实验方法和步骤

（1）准备试件。本次实验选用圆柱形试件，如图 1-18 所示，设计尺寸为 $d_0 = 10$ mm，$l_0 = 100$ mm。

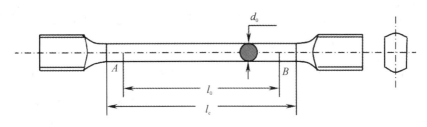

图 1-18　扭转试件简图

（2）测量尺寸。在试件两端和中部，用游标卡尺分别测量相互垂直的两个方向的直径，并取其平均值作为测量位置处的计算直径。计算剪切模量 G 时试件直径取 3 处计算直径的平均值，计算屈服强度和抗扭强度时试件直径取 3 处计算直径的最小值。

（3）对正。点击微机控制扭转试验机手动控制面板的"对正"键，使微机控制扭转试验机主动夹头自动调平，并与被动夹头对正。

（4）加装扭角计。用粉笔沿试件纵向划一条直线以便观察实验后试件的扭转变形。测量材料的剪切模量时，把试件放在间距 100 mm 的定位平台上再安装扭角计。

（5）打开测控程序。打开微机控制扭转试验机的测试软件，检查软件连接是否正常。

（6）清零。将所有传感器数据调零。

（7）几何对中。将试件夹持端尽量准确地放在两端夹头的中心位置上，先手动固定再用内六方扳手夹紧。

（8）回零。当外载荷显示值超过 1 N·m 时，点击"回零"键，把外力卸载到 1 N·m 以下后点击"停止"键，程序回到"待机"状态。

（9）设计实验方案。输入实验方案名称，选择试件的形状并输入尺寸，选择传感器（测量材料的剪切模量时选"扭角计"，测量材料的扭转力学性能时选"扭角传感器"），依据规范输入加载速度（屈服前加载速度为 $3°\sim30°\mathrm{min}^{-1}$，屈服后加载速度不大于 $720°\mathrm{min}^{-1}$），设置停机条件（一般设置最大荷载和断裂判断条件），选择实验后处理参数，保存实验方案。

（10）开始实验。运行程序，对试件进行加载直至实验结束。

（11）结束实验。当微机控制扭转试验机停机后，取出试件。记录低碳钢材料的剪切模量、屈服扭矩和最大扭矩，观察其断口情况；记录铸铁材料的剪切模量和最大力，观察断口情况。

五、注意事项

（1）依据试件材料和大小估算实验最大扭矩，最大扭矩 T_m 应满足 $20\%FS\leqslant T_\mathrm{m}\leqslant80\%FS$，其中 FS 指微机控制扭转试验机满量程扭矩值。

（2）开始实验前把防护罩放置在试件上方，防止发生安全事故。

（3）如有意外情况，及时拍击"紧急停止"键，停止微机控制扭转试验机的运行。

六、数据处理

（1）计算材料的剪切模量。用扭矩传感器和扭角计（标距记为 l_e，$l_\mathrm{e}=100\ \mathrm{mm}$）绘制的扭矩-扭角曲线（即 $T-\varPhi$ 曲线），在曲线弹性直线段，读取扭矩增量和相应的扭角增量，用下式计算剪切模量 G：

$$G=\frac{\Delta T \cdot l_\mathrm{e}}{\Delta\varPhi \cdot I_\mathrm{p}} \tag{1-17}$$

对于圆柱形试件，极惯性矩 I_p 有

$$I_p = \frac{\pi d_0^4}{32} \qquad (1-18)$$

（2）计算材料扭转强度。

试件抗扭截面系数为

$$W = \frac{\pi d_0^3}{16} \qquad (1-19)$$

对于低碳钢材料，扭转屈服强度为

$$\tau_{eL} = \frac{T_{eL}}{W} \qquad (1-20)$$

抗扭强度为

$$\tau_m = \frac{T_m}{W} \qquad (1-21)$$

对于铸铁材料，抗扭强度为

$$\tau_m = \frac{T_m}{W} \qquad (1-22)$$

（3）分别绘制低碳钢和铸铁试件的扭转曲线（即 $T-\varphi$ 曲线），及扭转断口示意图，分析断裂的原因。

七、思考题

（1）比较分析低碳钢试件与铸铁试件在扭转时的力学性能及断口特征，分析其断裂原因。

（2）铸铁扭转断裂，其断口的倾斜方向与外加扭矩方向有无直接关系？为什么？

（3）如何根据铸铁的扭转断裂面倾斜方向，判断扭矩是正扭矩还是负扭矩？

实验四　电测法测量金属材料弹性模量、泊松比实验

一、实验目的

（1）掌握电测法的基本原理和电阻应变仪的操作方法（参见附录 A）。

（2）在材料线弹性范围内，用电测法验证胡克定律，并测量材料的弹性模量 E 和泊松比 μ。

二、基本原理

本实验依据《金属材料 弹性模量和泊松比试验方法》（GB/T 22315—2008），在室温下，在材料线弹性范围内用静态法中的拟合法测量材料的弹性模量 E 和泊松比 μ。

单向拉伸时，材料在线弹性范围内服从胡克定律，应力 σ 和应变 ε 成正比关系，即

$$\sigma = E\varepsilon \qquad (1-23)$$

可得

$$E = \frac{\sigma}{\varepsilon} \qquad (1-24)$$

泊松比 μ 是指低于材料比例极限的轴向应力作用于材料时，材料所产生的横向应变与相应轴向应变的负比值。若横向应变为 ε'，轴向应变为 ε，则

$$\mu = -\frac{\varepsilon'}{\varepsilon} \qquad (1-25)$$

为了消除偏心拉伸的影响，在矩形拉伸试件中部，沿正反两侧

对称地粘贴一对轴向应变片 R 和一对横向应变片 R'（R、R'均作为工作片）。应变片布置方法和组桥方法分别如图 1-19 和图 1-20 所示。

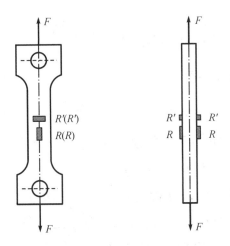

图 1-19　应变片布置方法

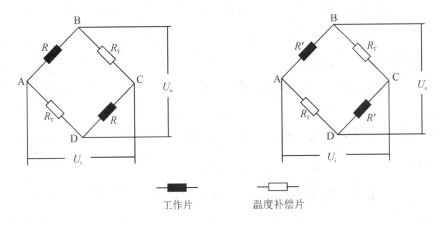

图 1-20　组桥方法

对矩形拉伸试件施加的最大轴向载荷 F_{max} 应在实验前按同类材料的弹性极限应力 σ_e 进行估算，应使 F_{max} 对应的 σ_{max} 满足：$\sigma_{max} <$ $80\%\sigma_e$。对 F_{max} 进行等分分级，分级不少于 8 级。在每级载荷作用下，测出试件横向应变 ε' 和轴向应变 ε，从而得到材料的 E 和 μ。

三、仪器设备

（1）万能试验机（精度：1 级）。

（2）电阻应变仪。

（3）游标卡尺（精度：0.02 mm）。

四、实验方法和步骤

（1）准备试件。矩形拉伸试件应满足 GB/T 228.1—2010 附录的规定，试件夹持部分与平行段之间的过渡部分半径应尽量大，试件平行长度应至少超过标距长度与试件平行段两倍的宽度之和。

（2）测量尺寸。在试件标距两端及中间处用游标卡尺测量试件厚度和宽度，计算每处的横截面积。将三处测得横截面积的算术平均值作为试件原始横截面积，至少保留 4 位有效数字。

（3）接线。按照图 1-19 所示方法，在试件上粘贴应变片，在同材质且非受力的构件上粘贴温度补偿片。按照图 1-20 所示方法把轴向应变片与温度补偿片连接到应变仪的一个测试通道上，把横向应变片与温度补偿片连接到应变仪的另一个测试通道上，并记录相应的测试通道号。

（4）打开测控程序。打开万能试验机的控制软件，检查软件连接是否正常。

（5）调节夹头位置。用试件比划加载位置，调整加力平台到合适高度。

（6）安装试件和调零数据。按照几何对中法安装试件，先把试件装入上夹头，试件夹持部分控制在上夹头下部约 1/3 处，夹紧试件，然后把力传感器、位移传感器等所有传感器数据调零。打开下夹头，调整加力平台使试件夹持部分控制在下夹头上部约 1/3 处，夹紧试件。

（7）设定实验方案。输入实验方案名称，选择试件的形状并输入尺寸,输入加载速度(当材料弹性模量 $E<150$ GPa 时应力速度取 $2\sim20$ MPa/s;当材料弹性模量 $E\geqslant150$ GPa 时应力速度取 $6\sim60$ MPa/s)。按上述 F_{max} 设置分级载荷,最少分为 8 级,每级载荷保载 1 分钟(这时采集应变值);加载至 F_{max} 后,设置卸载,卸载速度与加载速度相同,卸载至 0.5 kN 即可。选择显示 $F-\Delta l$ 图形,保存实验方案。

(8) 开始实验。点击"运行"按键,在每级载荷保载时,及时记录电阻应变仪两个测试通道的应变值。

(9) 结束实验。程序运行结束后,取下试件。

五、注意事项

(1) 所有接线柱必须拧紧或焊接牢固,否则会使接触电阻变大。

(2) 在实验过程中不许扰动应变片测试导线,否则会改变线间电容,影响测量精度。

六、数据处理

1. 计算应变

在每级载荷作用下,处理测试应变值的方法如下:

(1) 轴向应变。

一侧应变片:

$$\varepsilon_{正}=\varepsilon_F+\varepsilon_M+\varepsilon_T$$

另一侧应变片:

$$\varepsilon_{反}=\varepsilon_F-\varepsilon_M+\varepsilon_T$$

温度补偿片:$\varepsilon_{温}=\varepsilon_T$。按图 1-20 组桥(即全桥)后,有

$$\varepsilon_{正}-\varepsilon_{温}+\varepsilon_{反}-\varepsilon_{温}=(\varepsilon_F+\varepsilon_M+\varepsilon_T)-\varepsilon_T+(\varepsilon_F-\varepsilon_M+\varepsilon_T)-\varepsilon_T$$

$$=2\varepsilon_F=\varepsilon_{仪} \tag{1-26}$$

即

$$\varepsilon = \varepsilon_F = \frac{\varepsilon_仪}{2} \tag{1-27}$$

式(1-26)和式(1-27)中：

　　ε_F——仅由轴向力 F 引起的轴向应变；

　　ε_M——轴向力的偏心弯矩引起的轴向应变；

　　ε_T——应变片温度效应引起的应变；

　　$\varepsilon_仪$——应变仪显示读数($\mu\varepsilon$)。

　　(2) 横向应变与轴向应变处理方法相同，即

$$\varepsilon' = \frac{\varepsilon_仪}{2} \tag{1-28}$$

2. 计算 E 和 μ

拟合法：本次实验采用最小二乘法(即测试值与真实值足够接近，两者之间的均方误差最小)来确定 E 和 μ 的数值。

(1) 弹性模量 E 值。

由 $\sigma = E\varepsilon$ 可知，弹性模量 E 为 σ-ε 曲线的斜率值。该曲线由每级载荷对应的 σ 和 ε 数据对形成。其中有

$$\sigma_i = \frac{F_i}{S_0} \tag{1-29}$$

式中：

　　i——分级号；

　　σ_i——某分级载荷对应的应力值，单位为 MPa；

　　F_i——某分级载荷的载荷值，单位为 N；

　　S_0——试件原始横截面积，单位为 mm^2。

故有

$$E = \frac{\left[\sum_{i=1}^{n} (\sigma_i \times \varepsilon_i) - n \times \bar{\sigma} \times \bar{\varepsilon}\right]}{\left(\sum_{i=1}^{n} \varepsilon_i^2 - n \times \bar{\varepsilon}^2\right)} \qquad (1-30)$$

式中：n—— 分级载荷分级的次数；

ε_i—— 某分级载荷对应的轴向应变值；

$\bar{\sigma}$—— 所有分级载荷对应轴向应力值的平均值，单位为 MPa；

$\bar{\varepsilon}$—— 所有分级载荷对应轴向应变值的平均值；

$\bar{\varepsilon}^2$——所有分级载荷对应轴向应变平均值的二次方。

弹性模量 E 值数据有效性的判断方法：按下式计算 σ-ε 拟合直线斜率的变异系数 υ，当 $\upsilon \leqslant 2\%$ 时，所得 E 值有效。

$$\upsilon = \left[\left(\frac{1}{\gamma^2} - 1\right)(n-2)\right]^2 \times 100 \qquad (1-31)$$

式中：γ—— 相关系数，即有

$$\gamma^2 = \frac{\left[\sum_{i=1}^{n} (\sigma_i \times \varepsilon_i) - \dfrac{\sum_{i=1}^{n} \sigma_i \times \sum_{i=1}^{n} \varepsilon_i}{n}\right]^2}{\left\{\left[\sum_{i=1}^{n} \varepsilon_i^2 - \dfrac{\left(\sum_{i=1}^{n} \varepsilon_i\right)^2}{n}\right] \times \left[\sum_{i=1}^{n} \sigma_i^2 - \dfrac{\left(\sum_{i=1}^{n} \sigma_i\right)^2}{n}\right]\right\}} \qquad (1-32)$$

（2）泊松比 μ 值。

由 $\mu = \left|\dfrac{\varepsilon'}{\varepsilon}\right|$ 可知，泊松比 μ 为每级载荷对应的 ε' 和 ε 数据对形成 ε'-ε 曲线的斜率值，则

$$\mu = \frac{\left[\sum_{i=1}^{n} (\varepsilon'_i \times \varepsilon_i) - n \times \bar{\varepsilon}' \times \bar{\varepsilon}\right]}{\left(\sum_{i=1}^{n} \varepsilon_i^2 - n - \bar{\varepsilon}^2\right)} \qquad (1-33)$$

式中：n—— 载荷分级的次数；

ε_i——某分级载荷对应的轴向应变值；

ε_i'——某分级载荷对应的横向应变值；

$\overline{\varepsilon}'$——所有分级载荷对应横向应变值的平均值；

$\overline{\varepsilon}$—— 所有分级载荷对应轴向应变值的平均值；

$\overline{\varepsilon}^2$——所有分级载荷对应轴向应变平均值的二次方。

　　μ 值数据有效性的判断方法：计算 $\varepsilon'-\varepsilon$ 拟合直线斜率的变异系数 υ，当 $\upsilon \leqslant 2\%$ 时，所得 μ 值有效。

七、思考题

　　(1) 应变初始读数的任意设定对测量结果有没有影响？

　　(2) 采用什么措施可以消除偏心拉伸的影响？

实验五　金属材料冲击实验

一、实验目的

（1）掌握冲击试验机的实验原理和操作方法（参见附录 E）。

（2）测量低碳钢和铸铁两种材料在室温冲击下的冲击吸收功 A_K 值，并观察试件断口形貌。

二、基本原理

本实验依据《金属材料 夏比摆锤冲击试验方法》（GB/T 229—2007），在规定实验温度（室温、低温或高温）下，将规定几何形状的缺口（V 形或 U 形）试件置于冲击试验机两支座之间，缺口背向打击面放置，用摆锤一次打击试件，测量试件的冲击吸收功。

工程中有很多构件不仅承受静载荷的作用，还承受突然施加的冲击载荷。为这些构件选用材料时，必须考虑材料抵抗冲击载荷的能力。

根据试件形状和断裂方式，冲击实验分为弯曲冲击实验、扭转冲击实验和拉伸冲击实验三种。横梁式弯曲冲击实验法操作简单，应用最广。弯曲冲击实验是 20 世纪初夏比（G.Charpy）提出的，在工程上主要是用来评定冶金质量和加工工艺质量，以及测量韧性-脆性转变温度（冲击韧度对材料的含碳量、晶粒大小、材料的内部结构缺陷、显微组织等十分敏感）。如试件上预制疲劳裂纹，用示波图或其他方法可求出载荷-时间曲线和载荷-位移曲线，还可测得动态开裂发生的动态断裂韧度 K_{Id} 和已扩展裂纹停止扩展的断裂韧度 K_{IA} 等。

试件开切口的目的是为了在切口附近形成应力集中,使塑性变形局限在切口附近不大的体积范围内,并保证试件一次就被冲断,且断裂就发生在切口处。

冲击实验,如图 1-21 所示,利用的是能量守恒原理,即冲击试件消耗的能量是摆锤实验前后的势能差。实验时,把试件放在冲击试验机两支座之间,将摆锤举至高度为 H 处并使其自由落下,冲断试件即可。

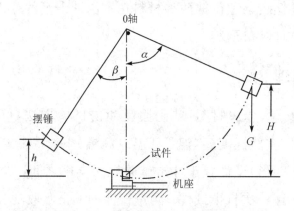

图 1-21　冲击实验示意图

摆锤在初始位置所具有的势能为

$$E = GH = Gl(1 - \cos\alpha) \tag{1-34}$$

冲断试件后,摆锤摆至最高处所具有的势能为

$$E_1 = Gh = Gl(1 - \cos\beta) \tag{1-35}$$

试件所吸收的冲击吸收功为

$$A_K = E - E_1 = Gl(\cos\beta - \cos\alpha) \tag{1-36}$$

式中：G——摆锤重力,单位为 N;

l——摆长(摆轴到摆锤重心的距离),单位为 mm;

α——实验前摆锤的最大扬角度,一般预置扬角为 150°,打击瞬间摆锤的冲击速度约为 5 m/s;

β——冲断试件后摆锤的最大扬角度。

三、仪器设备

(1) 冲击试验机(精度：1 级)。

(2) 游标卡尺(精度：0.02 mm)。

四、实验方法和步骤

(1) 准备试件。规定的 V 型缺口标准试件尺寸为长度×高度×宽度＝(55±0.60) mm×(10±0.075) mm×(10±0.11) mm。V 型缺口应有 45°夹角，其深度为 2 mm，底部曲率半径为 0.25 mm。规定的 U 型缺口标准试件尺寸为长度×高度×宽度＝(55±0.60) mm×(10±0.11) mm×(10±0.11) mm。U 型缺口深度应为 2 mm 或 5 mm，底部曲率半径为 1 mm。V 型缺口标准试件尺寸如图 1-22(a)所示，U 型缺口标准试件尺寸如图 1-22(b)所示。

(2) 检查试件缺口。确定缺口根部处没有影响吸收能的加工痕

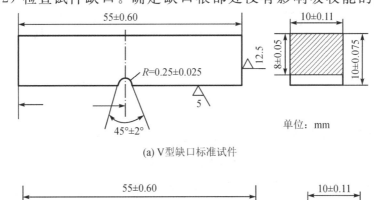

(a) V型缺口标准试件

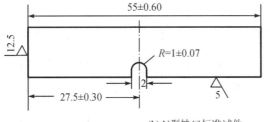

(b) U型缺口标准试件

图 1-22　冲击试件尺寸图

迹，缺口对称面垂直于试件纵向轴线。

（3）测量尺寸。用游标卡尺测量试件缺口底部横截面尺寸，测三次并取平均值。

（4）选择冲击试验机。由实验材料估算试件吸收能量大小，冲击试验机应满足：试件吸收能量不超过冲击试验机初始势能的 80%，且不低于冲击试验机最小分辨力的 25 倍。

（5）检查砧座跨距。冲击试验机的砧座跨距应为(40±0.2)mm。

（6）检查摆锤刀刃：摆锤刀刃半径应为 2 mm 或 8 mm，冲击吸收功结合摆锤刀刃半径和试件切口类型计为 KV_2、KV_8、KU_2 或 KU_8。摆锤刀刃尺寸如图 1-23 所示。

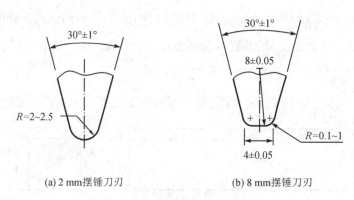

(a) 2 mm摆锤刀刃　　　(b) 8 mm摆锤刀刃

图 1-23　摆锤刀刃尺寸图

（7）测量室内温度。室温冲击实验的温度设在 18℃～28℃进行。

（8）进行空摆实验：打开冲击试验机电源，不放置试件。在摆锤自由悬垂静止时，点击"清零"键进行数据清零。点击"取摆"按钮，系统开始举摆，举到摆钩位置停止举摆，查看示值是否为满量程值。点击"冲击"按钮进行空打。"冲击"按钮灯亮表示开始实验，灯灭表示实验结束。冲击完成后显示冲击吸收功，此时按"删除"键，冲击试验机返回正常实验状态，否则一直显示实验为冲击状态。记录空打后的读数。要求空载耗能或称为回零差不应大于满量程的 0.1%。

（9）安装试件。摆锤在竖直静止时，把试件紧贴支座放置，试件缺口的背面朝向摆锤，要求试件缺口对称面偏离两砧座之间的中间点不大于 0.5 mm。

（10）开始实验。点击"清零"键，其次点击"取摆"按钮将摆锤举起并锁住，再次点击"冲击"按钮，当摆锤冲断试件后，待摆锤扬起到最大高度再回落时，按"送摆"按钮，直到接近最低位置停止送摆。

（11）结束实验。记录实验后读数，取下试件，观察试件断口形貌。

五、注意事项

（1）冲击试验机应设置安全网，以防止试件断裂后飞出伤人。

（2）安装试件和冲击操作只能由同一人完成，安装试件前，严禁抬高摆锤。

（3）当摆锤抬起后，人员不得在摆锤摆动、打击范围内活动，以免发生人身危险。

（4）在冲击实验过程中若出现意外情况，应立即按"急停"按钮。

六、数据处理

（1）记录试件缺口底部的截面尺寸：宽度为 b，单位为 cm；高度为 h，单位为 cm。

计算试件缺口底部的截面面积：$S = b \times h$ cm^2。

（2）记录初始势能：E，单位为 J。

（3）记录冲断后势能：E_1，单位为 J。

（4）计算试件冲击吸收功 KV_2、KV_8、KU_2 或 KU_8，例如 $KV_2 = E - E_1$，单位为 J。

（5）计算试件材料的冲击韧度 α_K，例如 $\alpha_K = KV_2/S$，单位

为 J/cm^2。

七、思考题

(1) 冲击韧性 α_K 值为什么不能用于定量换算，只能用于相对比较？

(2) 为什么在冲击试件上开切口？

实验六　纯弯曲梁正应力测量实验

一、实验目的

（1）掌握电测法测量应力的基本原理和静态电阻应变仪的使用。

（2）测量梁在纯弯曲时横截面上正应力的大小并绘制其分布图，验证纯弯曲梁正应力计算公式。

二、基本原理

本实验测点的理论应力由公式 $\sigma = My/I_z$ 计算；测点的实测应力先用电测法测出应变，再用公式 $\sigma = E\varepsilon$ 算出。

本实验采用矩形截面的低碳钢简支梁，实验装置如图 1 - 24 所示。

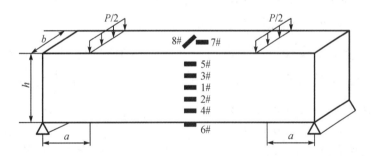

图 1 - 24　整梁弯曲实验装置示意图

在外力作用下，支撑点和加力点之间的梁为横力弯曲，加力点和加力点之间的梁为纯弯曲。在纯弯曲段沿梁横截面高度自上而下选 8 个测点，在 1♯～7♯测点处沿梁纵轴方向各粘贴一枚电阻应变片，在 8♯测点处沿梁横轴方向粘贴一枚电阻应变片。

三、仪器设备

（1）纯弯曲梁实验台。

（2）静态电阻应变仪（简称应变仪，精度：1 $\mu\varepsilon$）。

（3）游标卡尺（精度：0.02 mm）。

四、实验方法和步骤

（1）测量尺寸。测量梁的截面尺寸，梁的跨度，支撑点与加力点之间的距离，测量各测点位置。

（2）接线。1♯～8♯测点粘贴的电阻应变片称为工作应变片，与实验梁相同材质的薄片上粘贴的电阻应变片称为温度补偿片。将各测点的工作应变片依次用应变仪上 1/4 桥接线方法接入应变仪，并记录各测点对应的测试通道编号。将温度补偿片接入应变仪最右侧"公共补偿"处。

（3）开机。打开应变仪电源开关，点击"灵敏度"键，把厂家提供的电阻应变片 K 值输入到"灵敏度系数"里，核对无误后，点击"确认"键并将应变仪退出到测量状态。

（4）检查。检查线路无误后，可以用铅笔的橡皮头轻轻敲击工作应变片附近，看一下应变仪读数是否变化，并能回到变化前读数。

（5）卸载。打开纯弯曲梁实验台的测力仪电源开关，按照卸载方向摇动加力手轮直至"分配梁"与加力装置分开并处于松弛状态，记录力传感器的读数并将它作为初始值。

（6）调零。点击应变仪测量界面右下角的"Z"键，把应变仪读数全部调零。

（7）加载。缓慢摇动加力手轮进行加载，直至力传感器变化量为 4 kN 后停止，记录各测点对应的应变值。

（8）卸载。缓慢摇动加力手轮进行卸载，直至"分配梁"与加力装置分开。

（9）重复加载/卸载。按照上述第（7）、（8）步，再重复进行 2 次操作。

(10) 结束实验。卸载后关闭电源。

五、注意事项

(1) 加载要缓慢均匀，切忌急躁。

(2) 力传感器最大承载力为 5 kN，加载时不能超载。

六、数据处理

(1) 记录原始数据。记录梁的实际尺寸、加载位置、各测点的位置和实验梁材料的弹性模量 E 值。加载前将应变仪调零，重复加载 3 次，记录每次加载力后各测点应变读数，有 $\varepsilon_F = \varepsilon_{仪}$。

(2) 计算实验各测点读数的平均值：$\varepsilon_{实} = \dfrac{\sum\limits_{i=1}^{3} \varepsilon_{仪 i}}{3}$。

(3) 应力计算。把 $\varepsilon_{实}$ 代入公式 $\sigma = E\varepsilon$，计算各测点的实测应力值；使用公式 $\sigma = My/I_z$ 计算各测点的理论应力值。

(4) 验证公式。把实测应力值与理论应力值进行比较，计算两者之间的相对误差。以截面高度为纵坐标，以应力大小为横坐标，在同一坐标系下，各相邻测点的坐标点连直线，绘制实测应力分布图和理论应力分布图，检查两分布图的吻合情况。

七、思考题

(1) 纯弯曲梁的实测应力用 $\sigma = E\varepsilon$ 计算，弯曲正应力是否会受材料弹性模量 E 的影响？为什么？

(2) 梁的自重和加力装置的自重是否会引起测量误差？为什么？

实验七　弯扭组合主应力测量实验

一、实验目的

（1）测量薄壁圆筒弯扭组合时表面测点的主应力大小和方向，验证组合变形理论公式。

（2）进一步熟悉静态电阻应变仪的使用方法。

二、基本原理

本实验将实验梁置于平面应力状态，先测量实验梁表面测点三个已知方向的正应变，确定测点应变状态，再利用广义胡克定律公式计算出该测点主应力值和主应力方向。

弯扭组合实验装置如图 1-25 所示。

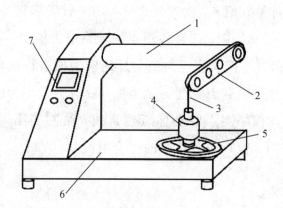

1—实验梁；2—加力刚臂；3—加力钢丝；4—力传感器；5—加力手轮；6—台座；7—测力仪显示屏

图 1-25　弯扭组合实验装置

1. 实验测量测点的主应力值和主应力方向

某测点三个任意测试方向，如图 1-26(a)所示。

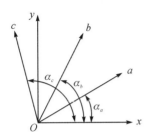
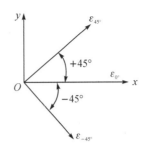

(a) 某测点三个任意测试方向　　　(b) 使用直角应变花测试某点的三个方向应变

图 1-26　某测点测试方向示意图

如果已知某点的三个测试方向为 α_a、α_b 和 α_c，则有

$$\begin{cases} \varepsilon_a = \varepsilon_x \cos^2\alpha_a + \varepsilon_y \sin^2\alpha_a - \gamma_{xy} \sin\alpha_a \cos\alpha_a \\[2mm] \varepsilon_b = \varepsilon_x \cos^2\alpha_b + \varepsilon_y \sin^2\alpha_b - \gamma_{xy} \sin\alpha_b \cos\alpha_b \\[2mm] \varepsilon_c = \varepsilon_x \cos^2\alpha_c + \varepsilon_y \sin^2\alpha_c - \gamma_{xy} \sin\alpha_c \cos\alpha_c \end{cases} \quad (1-37)$$

测试时采用互成 45°的三个电阻应变片组成的直角应变花，中间的电阻应变片与 x 轴成 0°，另外两个电阻应变片则分别与 x 轴成 +45°和 -45°角，如图 1-26(b)所示。测点的三个测试方向分别表示为 $\varepsilon_{0°}$、$\varepsilon_{45°}$ 和 $\varepsilon_{-45°}$，则有

$$\begin{cases} \varepsilon_{0°} = \varepsilon_x \\[2mm] \varepsilon_{45°} = \dfrac{1}{2}\varepsilon_x + \dfrac{1}{2}\varepsilon_y - \dfrac{1}{2}\gamma_{xy} \\[2mm] \varepsilon_{-45°} = \dfrac{1}{2}\varepsilon_x + \dfrac{1}{2}\varepsilon_y + \dfrac{1}{2}\gamma_{xy} \end{cases} \quad (1-38)$$

解得

$$\begin{cases} \varepsilon_x = \varepsilon_{0°} \\[2mm] \varepsilon_y = \varepsilon_{45°} - \varepsilon_{0°} + \varepsilon_{-45°} \\[2mm] \gamma_{xy} = \varepsilon_{-45°} - \varepsilon_{45°} \end{cases} \quad (1-39)$$

已知主应变公式：

$$\begin{cases} \varepsilon_1 = \dfrac{\varepsilon_x + \varepsilon_y}{2} + \dfrac{1}{2}\sqrt{(\varepsilon_x - \varepsilon_y)^2 + \gamma_{xy}^2} \\ \varepsilon_3 = \dfrac{\varepsilon_x + \varepsilon_y}{2} - \dfrac{1}{2}\sqrt{(\varepsilon_x - \varepsilon_y)^2 + \gamma_{xy}^2} \end{cases} \quad (1-40)$$

将式(1-39)代入式(1-40)得

$$\begin{cases} \varepsilon_1 = \dfrac{\varepsilon_{-45°} + \varepsilon_{45°}}{2} + \dfrac{\sqrt{2}}{2}\sqrt{(\varepsilon_{-45°} - \varepsilon_{0°})^2 + (\varepsilon_{0°} - \varepsilon_{45°})^2} \\ \varepsilon_3 = \dfrac{\varepsilon_{-45°} + \varepsilon_{45°}}{2} - \dfrac{\sqrt{2}}{2}\sqrt{(\varepsilon_{-45°} - \varepsilon_{0°})^2 + (\varepsilon_{0°} - \varepsilon_{45°})^2} \end{cases} \quad (1-41)$$

主应变的方向：

$$\tan 2\alpha_0 = \frac{-r_{xy}}{\varepsilon_x - \varepsilon_y} = \frac{\varepsilon_{45°} - \varepsilon_{-45°}}{2\varepsilon_{0°} - \varepsilon_{45°} - \varepsilon_{-45°}} \quad (1-42)$$

求得主应变以后，可根据主应力与主应变关系，即广义胡克定律计算得到主应力：

$$\sigma_1 = \frac{E}{1-\mu^2}(\varepsilon_1 + \mu\varepsilon_3)$$
$$\sigma_3 = \frac{E}{1-\mu^2}(\varepsilon_3 + \mu\varepsilon_1) \quad (1-43)$$

把式(1-41)代入式(1-43)，有

$$\begin{cases} \sigma_1 = \dfrac{E}{1-\mu^2}\left[\dfrac{1+\mu}{2}(\varepsilon_{-45°} + \varepsilon_{45°}) + \dfrac{1-\mu}{\sqrt{2}}\sqrt{(\varepsilon_{-45°} - \varepsilon_{0°})^2 + (\varepsilon_{0°} - \varepsilon_{45°})^2}\right] \\ \sigma_3 = \dfrac{E}{1-\mu^2}\left[\dfrac{1+\mu}{2}(\varepsilon_{-45°} + \varepsilon_{45°}) - \dfrac{1-\mu}{\sqrt{2}}\sqrt{(\varepsilon_{-45°} - \varepsilon_{0°})^2 + (\varepsilon_{0°} - \varepsilon_{45°})^2}\right] \end{cases} \quad (1-44)$$

主应力的方向：

$$\tan 2\alpha_0 = \frac{-\gamma_{xy}}{\varepsilon_x - \varepsilon_y} = \frac{\varepsilon_{45°} - \varepsilon_{-45°}}{2\varepsilon_{0°} - \varepsilon_{45°} - \varepsilon_{-45°}} \quad (1-45)$$

计算出的主应力方向有两个 α_0 值，即 α 与 $90°+\alpha$，一个为 σ_1 的方向，

其对应着 $\varepsilon_{\max}$；另一个为 σ_3 的方向，其对应着 $\varepsilon_{\min}$。判断 α 与 $90°+\alpha$ 哪个为 σ_1 的方向，就需要确定 $\varepsilon_{\max}$ 的方向，可按"大偏大，小偏小"的原则来确定，即在测量的三个应变值 $\varepsilon_{0°}$、$\varepsilon_{45°}$、$\varepsilon_{-45°}$ 中找出最大的一个（比较时包含正负号），$\varepsilon_{\max}$ 距这个最大应变值较近。

实验梁尺寸如图 1-27 所示，在距离实验梁加力端 $l=300$ mm 处的 I-I 截面为待测截面，在 I-I 截面上布置了 A、B、C、D 四个测点，测点应力状态见图 1-28。

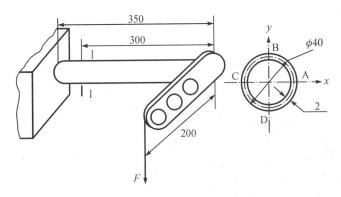

图 1-27 薄壁圆筒受力图（尺寸单位：mm）

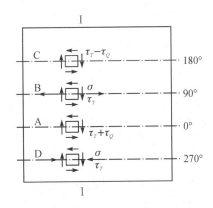

图 1-28 A、B、C、D 测点应力状态

每个测点每个测试方向的工作片均与温度补偿片按半桥接法接入应变仪，测出应变值。

2. 理论计算测点的主应力值和主应力方向

在实验梁 I - I 截面处的弯矩：$M = Fl$；剪力：$Q = F$；扭矩：$T = Fl_1$，在 I - I 截面上的 A、B、C、D 四个测点的应力状态如图 1 - 28 所示。每个测点的正应力用 σ 表示，切应力用 τ 表示。

主应力大小为

$$\begin{cases} \sigma_1 = \dfrac{\sigma}{2} + \sqrt{\left(\dfrac{\sigma}{2}\right)^2 + \tau^2} \\ \\ \sigma_3 = \dfrac{\sigma}{2} - \sqrt{\left(\dfrac{\sigma}{2}\right)^2 + \tau^2} \end{cases} \qquad (1-46)$$

主应力方向为

$$\tan 2\alpha_0 = -\frac{2\tau}{\sigma} \qquad (1-47)$$

每个测点的主应力大小由式（1 - 46）计算，主应力方向由式（1 - 47）计算。

A、B、C、D 四个测点的正应力 σ 和切应力 τ 计算方法如下所述：

A 测点：

$$\begin{cases} \sigma = \dfrac{My}{I_z} = 0 \\ \\ \tau = \tau_T + \tau_Q = \dfrac{T}{W_p} + \dfrac{QS_z^*}{bI_z} = \dfrac{Fl_1 D}{\dfrac{\pi}{16}[D^4 - d^4]} + \dfrac{2F}{\dfrac{\pi}{4}(D^2 - d^2)} \\ \\ \quad = \dfrac{Fl_1 D}{\dfrac{\pi}{16}[D^4 - d^4]} + \dfrac{F}{\pi R_0 t} \end{cases}$$

$$(1-48)$$

式中：F —— 对组合梁施加的集中力，单位为 N；

l_1 —— 集中力到组合梁形心距离(即力臂长),单位为 mm;

D —— 圆筒外径,单位为 mm;

d —— 圆筒内径,单位为 mm;

R_0 —— 薄壁圆筒的内、外半径之和的一半,单位为 mm;

t —— 圆筒壁的厚度,单位为 mm;

I_z —— 截面对 z 轴的慢性矩;

W_p —— 抗扭截面系数;

b —— 截面上所求应力点处的宽度;

S_z^* ——偏离中性轴一侧的部分横截面对 z 轴的静矩。

B 测点:

$$\begin{cases} \sigma = \dfrac{M}{W_z} = \dfrac{FlD}{\dfrac{\pi}{32}(D^4 - d^4)} \\ \\ \tau = \tau_T = \dfrac{Fl_1 D}{\dfrac{\pi}{16}(D^4 - d^4)} \end{cases} \tag{1-49}$$

式中:l——组合梁加力一端到测试截面 I-I 的距离,单位为 mm。

C 测点:

$$\begin{cases} \sigma = \dfrac{My}{I_z} = 0 \\ \\ \tau = \tau_T - \tau_Q = \dfrac{T}{W_p} - \dfrac{QS_z^*}{bI_z} = \dfrac{Fl_1 D}{\dfrac{\pi}{16}[D^4 - d^4]} - \dfrac{2F}{\dfrac{\pi}{4}(D^2 - d^2)} \\ \\ = \dfrac{Fl_1 D}{\dfrac{\pi}{16}[D^4 - d^4]} - \dfrac{F}{\pi R_0 t} \end{cases}$$

$$\tag{1-50}$$

D 测点:

$$
\begin{cases}
\sigma = -\dfrac{M}{W_z} = -\dfrac{FlD}{\dfrac{\pi}{32}(D^4 - d^4)} \\[4ex]
\tau = \tau_T = \dfrac{Fl_1 D}{\dfrac{\pi}{16}(D^4 - d^4)}
\end{cases}
\tag{1-51}
$$

三、仪器设备

(1) 弯扭组合实验装置。

(2) 静态电阻应变仪。

四、实验方法和步骤

(1) 接线。将 A、B、C 和 D 四个测点，每个测点按 $-45°$、$0°$ 和 $45°$ 三个测试方向分别与温度补偿片按照半桥接法依次接入应变仪，并记录相应测试通道号。

(2) 开机。打开应变仪电源开关，点击"灵敏度"键，把厂家提供的 K 值输入到"灵敏度系数"里，核对无误后，点击"确认"并将应变仪退出到测量状态。

(3) 卸载。打开弯扭组合实验装置的测力仪电源开关，按照卸载方向摇动加力手轮直至加力钢丝处于松弛状态，记录力传感器的读数并将它作为力的初始值，此时对应的外力为 0 kN。

(4) 调零。点击应变仪测量界面右下角的"Z"键，把应变仪读数全部调零并记录初始读数。

(5) 加载。把外力依次加到 150 N、250 N、350 N、450 N，并记录每级载荷下各测点的应变值。

(6) 卸载。缓慢摇动加力手轮进行力的卸载，直至钢丝松弛。

(7) 重复加载、卸载。按照上述第(3)~(6)步，再重复进行 2 次操作。

（8）结束实验。完成实验后，关闭电源。

五、注意事项

（1）切勿超载。所加外力最大值不能超过 500 N。

（2）测试过程中，不能振动设备和导线，否则将给实验造成较大误差。

六、数据处理

（1）记录原始数据。薄壁圆筒材料为铝合金，其弹性模量 $E=70\ \mathrm{GPa}$，泊松比 $\mu=0.33$。圆筒外径 $D=40\ \mathrm{mm}$，内径 $d=36\ \mathrm{mm}$。长度 $l=300\ \mathrm{mm}$，加力臂长 $l_1=200\ \mathrm{mm}$。每次加载前将应变仪调零，记录分级加载后各测试通道应变读数，有 $\varepsilon_F=\varepsilon_{仪}$。

（2）计算分级加载后各测试通道读取应变的平均值，即

$$\varepsilon_{实}=\frac{\sum\limits_{i=1}^{3}\varepsilon_{仪 i}}{3}$$

（3）主应力计算。把每个测点的 $\varepsilon_{-45°}$、$\varepsilon_{0°}$ 和 $\varepsilon_{45°}$ 代入公式，计算各测点的实测主应力值和主应力方向；使用推导出的公式计算各测点的理论主应力值和主应力方向。

（4）验证推导公式。把主应力的实测值与理论值进行比较，计算两者之间的相对误差。

七、思考题

（1）画出 A、B、C 和 D 四个测点的应力状态图。

（2）要分别单独测量弯曲正应力和扭转剪应力，应如何连接电桥电路？

实验八　压杆稳定实验

一、实验目的

（1）压杆失稳会引起结构破坏，通过实验确定受压杆件（简称压杆）的实际临界载荷。

（2）观察压杆失稳现象，将压杆临界载荷的实验值与理论值进行对比分析。

二、基本原理

根据欧拉小挠度理论，对于两端铰支的大柔度压杆（低碳钢 $\lambda \geqslant \lambda_P = 100$），在轴向力作用下，压杆保持直线平衡最大的载荷或保持曲线平衡最小的载荷即为临界载荷 F_{cr}，按照欧拉公式可得

$$F_{cr} = \frac{\pi^2 E I_{min}}{(\mu l)^2} \qquad (1-52)$$

式中：E——材料的弹性模量；

　　　I_{min}——压杆截面的最小惯性矩；

　　　l——压杆长度；

　　　μ——与压杆约束条件有关的系数，两端铰支时 $\mu = 1$。

当 $F < F_{cr}$ 时，压杆保持直线形状而处于稳定平衡状态；当 $F = F_{cr}$ 时，压杆处于稳定与不稳定平衡状态之间的临界状态，稍有干扰，压杆将失稳而弯曲，其挠度迅速增加。载荷 F 与压杆中点挠度 δ 的关系曲线如图 1-29 所示，在理论上（小挠度理论）该曲线应为 OAB 折线所示。但在实验过程中，由于压杆可能有初曲率，载荷可能有微小的偏心及压杆的材料不均匀等，压杆在受力后就会发生弯曲，其

挠度随着载荷的增加而增加。当
$F \ll F_{cr}$时，δ 增加缓慢。当 F 接
近F_{cr}时，虽然 F 增加很慢，但δ
却迅速增大，如曲线 $OA'B'$ 或
$OA''B''$所示。曲线 $OA'B'$、$OA''B''$
与折线 OAB 的偏离，就是初曲
率，载荷偏心等影响造成的，此
影响越大，则偏离也越大。在实
验过程中测出 F 及 δ 值，可根据

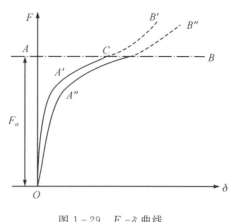

图 1-29　F-δ 曲线

F-δ 曲线的渐近线 AC 确定临界载荷 F_{cr}的大小。

三、仪器设备

（1）游标卡尺。

（2）钢板尺。

（3）压杆稳定实验装置（如图 1-30 所示）。

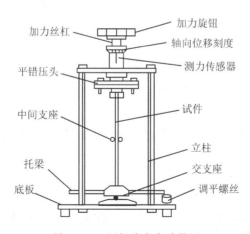

图 1-30　压杆稳定实验装置

（4）试件。细长杆（见图 1-31），材料为弹簧钢，$E = 218$ GPa。

（5）静态电阻应变仪（测量载荷和截面应变）。

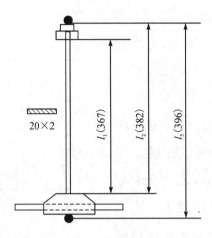

图 1-31　细长杆示意图

四、实验方法和步骤

（1）测量压杆的截面尺寸及长度，截面尺寸至少要沿长度方向测量三个截面，取其平均值作为截面尺寸。

（2）计算压杆的理论临界载荷 F_{cr}。

（3）按两端铰支安装试件。滑动下垫块，使垫块中心线位于底板标尺的 0 刻线上。

（4）把力传感器连接到应变仪上。

（5）2 个截面对称粘贴电阻应变片，每个截面两侧电阻应变片均按照半桥接法连接到应变仪上。

（6）调节加力手柄进行力的卸载，直至加力手柄处于松弛状态。

（7）应变仪灵敏度系数设置为 2.00，截面应变测试方式设置为半桥，点击"调零"并记录相关数据。

（8）均匀缓慢加载，每增加一级载荷，记录一次力值和应变值。在 $0.8F_{cr}$ 范围内可分 4～5 级加载，当应变迅速增加时，可按应变增量读取力值，直至压杆出现失稳现象为止。

（9）重复 2～3 次实验。

（10）根据实验数据绘 $F - \delta$ 曲线（或 $F - \varepsilon$ 曲线），作曲线的渐近线并确定 F_{cr} 值。

（11）在压杆中间位置加装刀片式限位块（增加一个铰支点），再次进行实验，实验过程如上所述。

（12）实验结束后关掉电源，整理现场。

五、注意事项

（1）应缓慢加载，避免振动和用力过猛。

（2）失稳时弯曲变形不可过大，以防超出比例极限而损坏压杆。

（3）刚开始实验时，试件保持直线。每级旋进量要少，以保证不漏过对于压杆可能出现的理论临界载荷。压杆压弯后可以增加每级的旋进量。

六、数据处理

（1）按照实验数据在方格纸上作出 $F - \delta$ 曲线，并确定 F_{cr} 值。

（2）将压杆临界载荷的实验值与理论值进行比较，验证欧拉公式。

七、思考题

（1）欧拉公式的适用范围？

（2）压缩实验目的与压杆稳定实验目的有何不同？

（3）对同一压杆，当约束条件不同时，失稳后的弹性曲线及承载力是否相同？

第二章　提高拓展性实验

实验一　电阻应变片的粘贴实验

一、实验目的

（1）熟悉电阻应变片的基本结构。

（2）掌握常温下电阻应变片的粘贴技术。

（3）进一步熟悉电阻应变片的各项参数及范围。

二、基本原理

电阻应变片（简称应变片）的构造和工作原理可参见附录 A。

三、仪器设备

（1）试件：等强度梁（示意图如图 2-1 所示）。

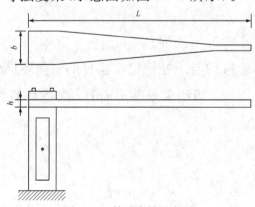

图 2-1　等强度梁示意图

（2）电阻应变片、数字式万用表。

（3）502 胶、电烙铁、镊子、砂纸等工具。

四、实验方法和步骤

按要求选择测点，将电阻应变片粘贴在等强度梁上。电阻应变片粘贴方法和步骤如下：

（1）选择应变片。在确定采用的应变片类型后，用肉眼或放大镜检查应变片的丝栅是否平行，应变片内是否有霉点、锈点，引线是否牢固。用数字式万用表测量各应变片电阻值，选择电阻值差在±0.5 Ω 内的 4～5 枚应变片供粘贴使用。

（2）打磨测点表面。首先把测点表面用砂纸沿与轴线成 45°角方向交叉打磨，以增加阻力，提高黏附力，打磨的面积要达到应变片面积的 2～3 倍。

（3）划线。用无油圆珠笔芯在测点位置处划出十字坐标线。

（4）清洗。为使应变片与试件粘贴得牢，对测点表面要进行清洁处理。用镊子夹住脱脂棉球并蘸无水乙醇后擦洗测点表面的油污，直到棉球不黑为止。

（5）定位粘贴。用高温胶带将应变片按粘贴方向固定在测点位置，并准确对准定位十字坐标线。连同应变片一起拉起胶带一侧，将 502 胶均匀涂抹至粘贴面，并在上面盖一层聚乙烯塑料膜作为隔层。用手指在应变片的长度方向滚压，挤出应变片下气泡和多余的胶，直到应变片与试件紧密黏合为止。手指保持不动，约 1 分钟后再放开，注意按住时不要使应变片移动。轻轻掀开薄膜和胶带检查应变片有无气泡、翘曲、脱胶等现象，否则须重粘贴。注意胶不要用得过多或过少，过多则胶层太厚而影响应变片性能，过少则黏结不牢从而不能准确传递应变。

（6）干燥处理。应变片粘贴好后应有足够的黏结强度以保证它与试件共同变形，应变片和试件间应有一定的绝缘度以保证应变读数的稳定。因此，在粘贴好应变片后就需要进行干燥处理，处理方法可以是自然干燥也可以是人工干燥。如气温在 20℃ 以上，相对湿度在 55% 左右时用 502 胶粘贴，采用自然干燥即可。人工干燥可用红外线灯或电吹风进行加热干燥。加热时应适当控制距离，注意应变片的温度不得超过其允许的最高工作温度，以防应变片底基烘焦损坏。

（7）接线。应变片和应变仪之间用导线连接。需根据环境与实验的要求选用导线，通常静应变测定用双蕊多股平行线；在有强电磁干扰及动应变测量时，需用屏蔽线。焊接导线前，先用数字式万用表检查导线有否断路，然后在每根导线的两端贴上同样的号码标签，避免测点多而造成差错。在应变片引线下，贴上胶带纸，以免应变片引线与试件（如试件是导电体）接触造成短路。最后把导线与应变片引线焊接在一起，焊接时注意防止假焊。焊完后用数字式万用表在导线另一端检查导线与应变片是否接通。

为防止在导线被拉动时应变片引线被拉坏，可使用接线端子。接线端子相当于接线柱，使用时先用胶水把它粘在应变片引线前端，然后把应变片引线及导线分别焊于接线端子的两端，以保护应变片，如图 2-2 所示。

（8）防潮处理。为避免胶层吸收空气中的水分而降低绝缘电阻值，应在应变片接好线并且绝缘电阻达到要求后，立即对应变片进行防潮处理。防潮处理应根据实验的要求和环境采用不同的防潮材料。常用的防潮剂有 703、704 硅胶。

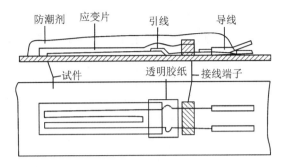

图 2-2　应变片的防护

五、注意事项

（1）粘贴过程中严格遵守操作规程。保持室内通风，防止发生火灾。防止电烙铁烫伤。

（2）502 胶黏结力强，且有强烈刺激性气味，应避免过量吸入。

（3）记录测点位置和编号。

实验二　叠梁弯曲正应力测量实验

一、实验目的

（1）测量钢–钢叠梁、钢–铝叠梁分别在梁间不加约束和楔块连接两种状态下的正应力大小和应力分布。把测量结果与理论值进行比较，考察叠梁计算模型的合理性和适用性。

（2）掌握电测法测量应力的基本原理和静态电阻应变仪的使用。

二、基本原理

测点的理论应力可根据假定建立的两个叠梁间的变形关系，通过内力分配进而算出应力值；测点的实测应力可利用应变片的应变电阻效应通过电测法测出应变，再由胡克定律公式（即 $\sigma = E_i \times \varepsilon$）算出。

本实验分别选用钢–钢叠梁和钢–铝叠梁，叠梁实验装置示意图如图 2-3 所示。

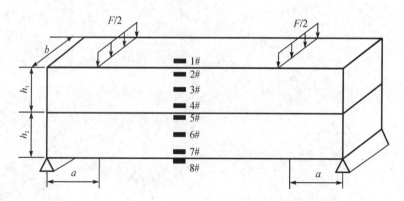

图 2-3　叠梁实验装置示意图

在外载荷作用下，支撑点和加力点之间的梁为横力弯曲，加力点和加力点之间的梁为纯弯曲。在纯弯曲段沿梁的横截面高度自上而下选8个测点，在1♯~4♯测点处沿着上梁纵轴方向各粘贴一枚电阻应变片，在5♯~8♯测点处沿着下梁纵轴方向各粘贴一枚电阻应变片。

1. 梁间不加约束的叠梁（或称为自由叠梁）

假定弹性模量分别为 E_1 和 E_2 的两梁在接触面无摩擦（可以在接触面涂抹润滑油）地紧密叠合，且在各自内力作用下绕自身的中性轴弯曲，弯曲后接触面仍保持处处接触。

叠梁受力分析：上梁的内力有弯矩 $M_上$；下梁的内力有弯矩 $M_下$。叠梁内力分布示意图如图 2-4 所示。

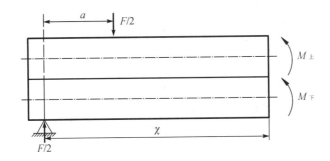

图 2-4 叠梁内力分布示意图

根据梁弯曲理论和小变形假定，可以认为两叠梁的曲率半径近似相等（即 $\rho_1 \approx \rho_2$），而 $\dfrac{1}{\rho_i} = \dfrac{M_i}{E_i I_{zi}}$，则有

$$\begin{cases} M_上 + M_下 = \dfrac{1}{2}Fa \\[2mm] \dfrac{M_上}{E_上 I_上} = \dfrac{M_下}{E_下 I_下} \end{cases}$$

令 $K = \dfrac{M_上}{M_下} = \dfrac{E_上 I_上}{E_下 I_下}$，解上式得

$$\begin{cases} M_{上} = \dfrac{E_{上} I_{上}}{E_{上} I_{上} + E_{下} I_{下}} \times \dfrac{1}{2}Fa = \dfrac{K}{1+K} \times \dfrac{1}{2}Fa \\[3mm] M_{下} = \dfrac{E_{下} I_{下}}{E_{上} I_{上} + E_{下} I_{下}} \times \dfrac{1}{2}Fa = \dfrac{1}{1+K} \times \dfrac{1}{2}Fa \end{cases} \tag{2-1}$$

式中：F——施加到叠梁跨中上的集中力；

a——支撑点到加力点之间的距离；

$E_{上}$ 和 $E_{下}$——上梁材料的弹性模量和下梁材料的弹性模量，钢的弹性模量取 210 GPa，铝的弹性模量取 70 GPa；

$I_{上}$ 和 $I_{下}$——上梁绕自身中性轴计算的惯性矩和下梁绕自身中性轴计算的惯性矩；

K——上梁与下梁的抗弯刚度之比。

由上梁和下梁弯矩计算公式可以看出：截面弯矩按照上梁或下梁的刚度进行分配。

测点的理论应力值计算公式：

$$\sigma = \frac{M_i y_i}{I_i} \tag{2-2}$$

则有

$$\begin{cases} \sigma_{y1} = \dfrac{E_{上} y_{上}}{E_{上} I_{上} + E_{下} I_{下}} \times \dfrac{1}{2}Fa \\[3mm] \sigma_{y2} = \dfrac{E_{下} y_{下}}{E_{上} I_{上} + E_{下} I_{下}} \times \dfrac{1}{2}Fa \end{cases} \tag{2-3}$$

换算为应变有

$$\begin{cases} \varepsilon_{y1} = \dfrac{y_{上}}{E_{上} I_{上} + E_{下} I_{下}} \times \dfrac{1}{2}Fa \\[3mm] \varepsilon_{y2} = \dfrac{y_{下}}{E_{上} I_{上} + E_{下} I_{下}} \times \dfrac{1}{2}Fa \end{cases} \tag{2-4}$$

式(2-2)～式(2-4)中：

　　i——梁号，测点在上梁时为"上"，测点在下梁时为"下"；

　　y_i——测点在上梁或下梁时，相对其自身中性轴的坐标值；

　　σ_{y1}和σ_{y2}——上梁测点的应力值和下梁测点的应力值；

　　ε_{y1}和ε_{y2}——上梁测点的应变值和下梁测点的应变值。

　　上述应变计算公式表明：上梁和下梁应变分布规律相同，且在y_i值相同处应变值相等。

　　测点的实测应力值计算公式：

$$\sigma = E_i \varepsilon$$

式中：ε——测点的实测应变值。

2. 楔块连接的叠梁

　　在叠梁接触面上、下侧开矩形缺口，装入刚性楔块(忽略楔块自身变形)组成楔块叠梁。假定两梁在接触面无摩擦(在接触面涂抹润滑油)地紧密叠合。楔块叠梁实验装置示意图如图2-5所示。

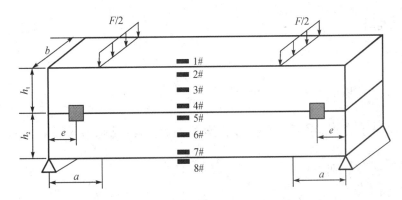

图 2-5　楔块叠梁实验装置示意图

　　从梁间不加约束的叠梁计算结果可知：上梁下表面有最大拉应变，下梁上表面有最大压应变，在上下梁接触部分应变不连续且存在"强间断"。在叠梁上加入楔块后，上下梁通过楔块相互作用实现上梁下表面与下梁上表面在两楔块之间的总伸长量相等。忽略上下梁之间的摩擦力，楔块的作用是使上梁下表面拉伸变形受到限制而表现出增加了附加压力；同时使下梁上表面压缩变形受到限制而表现出增加了附加拉力。需要强调的是：由于接触面应变存在强间断，因此上梁下表面的应变与下梁上表面的应变不相等。

假定：楔块叠梁的上下梁在各自内力（弯矩）作用下绕自身的中性轴弯曲，其内力分布示意图如图 2-6 所示。在纯弯曲段，由力的

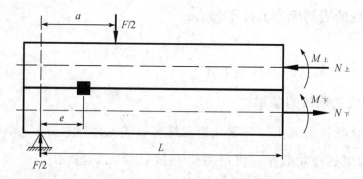

图 2-6　楔块叠梁内力分布示意图

平衡关系有

$$\begin{cases} N_{上} + N_{下} = 0 \\ M_{上} + M_{下} + N_{下} \times \dfrac{h_{上} + h_{下}}{2} = \dfrac{1}{2}Fa \end{cases} \qquad (2-5)$$

依据小变形假定，上梁和下梁的曲率半径近似相等（即 $\rho_1 \approx \rho_2$），而 $\dfrac{1}{\rho_i} = \dfrac{M_i}{E_i I_{zi}}$，则

$$\frac{M_{上}}{E_{上} I_{上}} = \frac{M_{下}}{E_{下} I_{下}}$$

令

$$K = \frac{M_{上}}{M_{下}} = \frac{E_{上} I_{上}}{E_{下} I_{下}}$$

上梁下表面与下梁上表面在楔块之间的总伸长量相等，根据结

构和梁的对称关系，仅对楔块叠梁的左半段进行受力分析，有

$$\int_e^{L/2} \varepsilon_{上梁下表面} \mathrm{d}x = \int_e^{L/2} \varepsilon_{下梁上表面} \mathrm{d}x$$

由楔块叠梁的上下梁在各自内力（弯矩）作用下绕自身的中性轴弯曲可知，上梁（或下梁）在压弯（或拉弯）组合作用下，又考虑到应变"拉为正，压为负"，则有

$$\varepsilon_{上梁下表面} = \frac{M_{上} \times \frac{1}{2}h_{上}}{E_{上} I_{上}} - \frac{N_{上}}{E_{上} S_{上}}$$

$$\varepsilon_{下梁上表面} = \frac{N_{下}}{E_{下} S_{下}} - \frac{M_{下} \times \frac{1}{2}h_{下}}{E_{下} I_{下}}$$

进一步可得

$$\int_e^{L/2} \left(\frac{M_{上} \times \frac{1}{2}h_{上}}{E_{上} I_{上}} - \frac{N_{上}}{E_{上} S_{上}} \right) \mathrm{d}x = \int_e^{L/2} \left(\frac{N_{下}}{E_{下} S_{下}} - \frac{M_{下} \times \frac{1}{2}h_{下}}{E_{下} I_{下}} \right) \mathrm{d}x$$

$$(2-6)$$

汇总后，在纯弯曲段有

$$\begin{cases} N_{下} = -N_{上} \\ M_{上} + M_{下} + N_{下} \times \dfrac{h_{上} + h_{下}}{2} = \dfrac{1}{2}Fa \\ \dfrac{M_{上}}{M_{下}} = \dfrac{E_{上} I_{上}}{E_{下} I_{下}} = K \\ \displaystyle\int_e^{L/2} \left(\frac{M_{上} \times \frac{1}{2}h_{上}}{E_{上} I_{上}} - \frac{N_{上}}{E_{上} S_{上}} \right) \mathrm{d}x = \int_e^{L/2} \left(\frac{N_{下}}{E_{下} S_{下}} - \frac{M_{下} \times \frac{1}{2}h_{下}}{E_{下} I_{下}} \right) \mathrm{d}x \end{cases}$$

$$(2-7)$$

说明：式（2-7）中已考虑材料力学中对内力的正负号规定，只需进行代数计算。

式(2－5)～式(2－7)中:

F——施加到叠梁跨中上的集中力;

$N_上$ 和 $N_下$——上梁的轴向内力和下梁的轴向内力;

$M_上$ 和 $M_下$——上梁绕自身中性轴的弯矩内力和下梁绕自身中性轴的弯矩内力;

$h_上$ 和 $h_下$——上梁高度和下梁高度;

$E_上$ 和 $E_下$——上梁材料的弹性模量和下梁材料的弹性模量;

$I_上$ 和 $I_下$——上梁绕自身中性轴计算的惯性矩和下梁绕自身中性轴计算的惯性矩量;

$S_上$ 和 $S_下$——上梁的横截面积和下梁的横截面积;

e——支撑点到楔块中心的距离。

当上梁和下梁材料和尺寸均相同时,有 $E_上=E_下$, $h_上=h_下$, $I_上=I_下$, $M_上=M_下$,则

$$\begin{cases} N_下=-N_上=\dfrac{3Fa}{8h_下} \\[3mm] M_上=M_下=\dfrac{3}{48}Fa \end{cases} \tag{2-8}$$

测点的理论应力值计算见下式:

$$\begin{cases} \sigma_{y1}=\dfrac{M_上 y_上}{I_上}-\dfrac{N_上}{S_上} \\[3mm] \sigma_{y2}=\dfrac{N_下}{S_下}-\dfrac{M_下 y_下}{I_下} \end{cases} \tag{2-9}$$

换算为应变有

$$\begin{cases} \varepsilon_{y1}=\dfrac{M_上 y_上}{E_上 I_上}-\dfrac{N_上}{E_上 S_上} \\[3mm] \varepsilon_{y2}=\dfrac{N_下}{E_下 S_下}-\dfrac{M_下 y_下}{E_下 I_下} \end{cases} \tag{2-10}$$

式(2-9)和式(2-10)中：

σ_{y1} 和 σ_{y2}——上梁测点的应力值和下梁测点的应力值；

$y_上$ 和 $y_下$——上梁测点相对其自身中性轴的坐标值和下梁测点相对其自身中性轴的坐标值；

ε_{y1} 和 ε_{y2}——上梁测点的应变值和下梁测点的应变值。

说明：式(2-9)、式(2-10)中已考虑材料力学中对应力或应变的正负号规定，只需进行代数计算。

测点的实测应力值计算：

$$\sigma = E_i \varepsilon$$

式中：i——梁号，测点在上梁时为"上"，测点在下梁时为"下"；

ε——测点的实测应变值。

三、仪器设备

（1）纯弯曲叠梁试验台。

（2）静态电阻应变仪。

（3）游标卡尺（精度：0.02 mm）。

四、实验方法和步骤

（1）安装叠梁。检查叠梁上的电阻应变片（粘贴电阻应变片工作已完成）是否完好。安装前在叠梁的接触面上涂抹润滑油，然后把钢-钢叠梁或钢-铝叠梁安装在试验台上。叠梁不加约束或在槽口插入楔块进行实验。

（2）测量尺寸。用游标卡尺测量叠梁尺寸、支撑点到加力点的距离、楔块之间的距离，测量各测点位置。

（3）接线。将各测点的工作片及温度补偿片（温度补偿片粘贴在与测试梁同材质且不受力的位置上）按顺序用半桥接法接入应变仪，并记录相应测试通道号。

　　(4) 开机。打开应变仪电源开关，点击"灵敏度"键，把应变片制作厂家提供的 K 值输入到"灵敏度系数"里，核对无误后，点击"确认"键并将应变仪退出到测量状态。

　　(5) 卸载。打开纯弯曲叠梁试验台的测力仪电源开关，按照卸载方向摇动加力手轮直至"分配梁"与加力装置分开并处于松弛状态，记录力传感器的读数，将它作为力的初始值，此时对应的梁外力为 0 kN。

　　(6) 检查。检查线路无误后，可以用铅笔的橡皮头轻轻敲击工作应变片，看一下应变仪读数是否变化，并能回到变化前读数。

　　(7) 调零。点击应变仪测量界面右下角的"Z"键，把应变仪读数全部调零。

　　(8) 加载。缓慢摇动加力手轮进行力的加载。可以分为三级，每级增加 1000 N，并记录各测点对应的应变值。

　　(9) 卸载。缓慢摇动加力手轮进行力的卸载直至"分配梁"与加力装置分开。

　　(10) 重复加载、卸载。按照上述第(7)~(9)步，再重复进行 2 次操作。

　　(11) 重复上述第(1)~(10)步，完成钢-钢叠梁和钢-铝叠梁在梁间不加约束和有楔块连接的实验。

　　(12) 结束实验。完成实验后，关闭电源。

五、注意事项

　　(1) 切勿超载，所加载荷最大值不能超过 5 kN。

　　(2) 测试过程中，不能振动设备和导线，否则将给实验造成较大误差。

（3）装卸楔块时，应在梁不受力的情况下进行。

六、数据处理

（1）记录原始数据。记录叠梁实际尺寸、加载位置、各测点的位置和各材料的弹性模量 E 值。每次加载前将应变仪调零，记录分级加载后各测点应变读数，有 $\varepsilon_F = \varepsilon_{仪}$。

（2）计算分级加载后各测点读取应变的平均值：

$$\varepsilon_{实} = \frac{\sum\limits_{i=1}^{3} \varepsilon_{仪i}}{3}$$

（3）应力计算。把 $\varepsilon_{实}$ 代入公式 $\sigma = E_i \varepsilon$ 计算各测点的实测应力值；使用推导出的公式计算各测点的理论应力值。

（4）验证推导公式。把实测应力值与理论应力值进行比较，计算两者之间的相对误差。以截面高度为纵坐标，以应力大小为横坐标，在同一坐标系下，各相邻测点的坐标点连直线，绘制实测应力分布图和理论应力分布图，检查两分布图的吻合情况。

七、思考题

（1）比较梁间不加约束的叠梁、楔块连接的叠梁和整梁的实测正应力分布，你认为哪一种梁的承载能力最好，哪一种梁的承载能力最差，为什么？

（2）通过验证推导公式，你认为在推导公式的过程中，哪处不合理，为什么？

（3）在实际的叠梁应用中，需要采取什么措施？

实验三　　桁架结构静载实验

一、实验目的

（1）掌握理想桁架结构在结点载荷作用下的内力传递规律，认识零杆。

（2）了解铰结点盘实现铰接的原理及合理使用方式。

（3）掌握固定铰支座、滑动铰支座的实现方法。

二、基本原理

桁架是由直杆组成的杆件结构，其所有结点均为铰结点。当载荷作用于结点上时，各杆内力主要为轴向拉力或压力，截面上的应力基本上均匀分布，使得桁架可以充分发挥材料的作用。相比于承受轴力，桁架杆件承受弯矩的能力较弱，因此桁架适用于载荷类型为结点载荷(结点拉、压力，下同)的结构。根据铰结点的定义，实际工程中理想桁架是不存在的，但人们还是习惯把一些结点性质类似铰结点或力学特性与桁架相似的，载荷类型为结点载荷的结构称为桁架，如钢屋架、刚架桥梁、输电线路铁塔、塔式起重机机架等。

理想铰结点只能传递轴力，而不能传递弯矩，由于理想铰结点是不存在的，因此理想桁架结构是不存在的。但根据桁架结构的载荷特点，在杆件受力产生微小转角时，如果结点只传递很小的弯矩，那么此时桁架结构的力学特性就接近理想桁架结构的力学特性。结点盘的结构形式如图 2-7 所示。

梯形桁架是工程中常用的结构形式，简支的刚架桥、钢屋架多采用类似的结构形式。桁架的一个支座为固定铰支座，另一个为滑动铰

（a）铰结点盘　　　（b）固结点盘　　　（c）组合结点盘

图 2-7　结点盘图

支座。梯形桁架多采用跨距与层高相等的结构形式，典型四跨梯形桁架在中间结点施加竖向载荷时，其计算简图及内力传递规律图分别如图 2-8 和图 2-9 所示，桁架结构结点不传递弯矩，在结点单纯施加拉、压力载荷时，桁架结构的杆件不承受弯矩，不必绘制弯矩图。

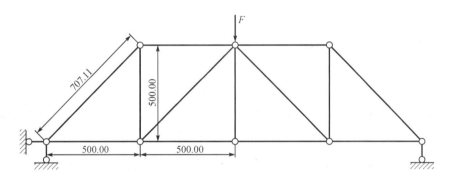

图 2-8　四跨梯形桁架计算简图（单位：mm）

从图 2-9 所示的内力传递规律图可以看出，四跨梯形桁架按图 2-8 所示方式施加竖向载荷时，桁架结构的内力对称传递，有明显的对称性；不同部位杆件内力种类、大小不同，且有明显差异；对称轴上的竖腹杆为零杆。根据该结构的受力特点，实验时测量典型杆件的内力来验证上述内力传递规律。

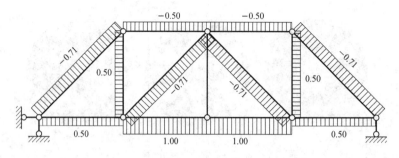

图 2 - 9　四跨梯形桁架内力传递规律图

三、仪器设备

（1）YJ - ⅡD - W 型结构力学组合实验装置。

（2）UT7100Y 静态电阻应变仪。

（3）游标卡尺。

四、实验方法和步骤

本实验在 YJ - ⅡD - W 型结构力学组合实验装置上进行，采用通用的结点盘及杆件搭建所需的实验模型，杆件采用方形钢管 Ⅱ，材质为 Q235，壁厚为 1 mm，表面镀铬。全部杆件均在三个部位对称粘贴电阻应变片以测量轴力和弯矩。结点盘采用剖分式结构、铰接方式连接。安装好的实验装置如图 2 - 10 所示，四跨梯形桁架安装在下工作台上固定，形成固定支座，加载装置安装在横梁上，通过蜗轮蜗杆机构手动施加竖向载荷，在中间结点施加竖向压载荷，载荷的大小通过拉压力传感器测量，杆件的轴力及不同位置弯矩通过粘贴在杆件不同部位的电阻应变片来测量。

实验步骤如下：

（1）用游标卡尺测量桁架各杆件长度和横截面尺寸，确定各测点粘贴电阻应变片的位置并清楚其作用。

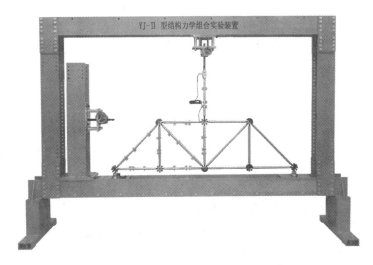

图 2 - 10　四跨梯形桁架竖向加载实验装置

（2）确定分级加载时每级的大小、级次和最终载荷。

（3）实验采用多点半桥公共补偿法测量，将模型上 14 个测点的电阻应变片和公共温度补偿片接入静态电阻应变仪，具体接法参考静态电阻应变仪的使用说明。

（4）设置静态电阻应变仪中应变片灵敏系数 K 值、标准电阻、导线电阻、桥接方式等参数。对测量电路进行初始平衡。

（5）按照拟定的加载方案逐级加载。每加一次载荷，相应测量一次各测点的应变值，直至最终载荷为止。然后全部卸载，应变仪回到初始平衡状态。

五、注意事项

（1）实验过程中严格遵守操作规程，佩戴安全帽进行实验，严禁在实验现场打闹。

（2）实验前预习实验指导书，熟悉电测法基本原理并了解结构力学组合实验装置的基本构造。

（3）实验前仔细核对结构安装形式，确定结点支座形式与实验要求是否一致。

（4）实验前确定好加载载荷，严禁超载，损坏桁架结构。

六、数据处理

（1）记录杆件材料参数和基本尺寸，画出模型结构简图，并在模型简图中绘出测点布置图，对测点进行编号，并说明所选杆件的特点。

（2）记录各测点测试结果，并将实测值和理论计算结果进行对比。各测点测试结果及理论计算结果记录表见表 2-1。

表 2-1　各测点测试结果及理论计算结果

测点编号								
F /kN	ΔF /kN	A 片 (CH)	B 片 (CH)	A 片 (CH)	B 片 (CH)	A 片 (CH)	B 片 (CH)
ε/kN								
实测弯矩/(N·m)								
实测轴力/kN								
理想模型弯矩/(N·m)								
理想模型轴力/kN								
误差 /%	弯矩							
	轴力							

七、思考题

（1）实验时四跨梯形桁架结构中，哪些杆件可能是零杆？什么情况下出现？

（2）哪些杆可能存在压杆稳定问题？什么情况下会出现？

实验四　　金属材料疲劳实验

一、实验目的

（1）观察金属材料疲劳破坏的现象和断口形貌。

（2）了解测定材料疲劳极限的基本方法。

（3）了解弯曲式疲劳试验机的基本构造、原理。

二、基本原理

疲劳破坏与静力破坏有本质的不同，当交应变力小于材料的静强度极限（σ_b）时，材料就可能产生疲劳裂纹，并逐渐扩展至完全破坏。疲劳破坏时，即使是塑性材料也常常没有明显的塑性变形。在疲劳破坏的断口上，一般呈现两个区域，一个是光滑区，另一个是粗糙区。

材料破坏前所经历的循环次数称为疲劳寿命 N，施加在试件上的应力越小，则疲劳寿命越长。一般碳钢，如果在某一交变应力经受 10^7 次循环仍不破坏，那么在工程上即认为它可以承受无限次循环而不破坏。所以，工程上，以对应于 10^7 次循环的最大应力 σ_{max} 值作为一般碳钢的疲劳极限 σ_{-1}。（可以理解为在工程上将一般碳钢的无限次，用 10^7 次有限化了）

某些合金钢和有色金属却不存在这一性质，它们在经受 10^7 次循环后仍会发生破坏，因此，对此类材料，常以未发生破坏的循环次数 10^7 或 10^8 所对应的最大应力值作为条件疲劳极限，此时，10^7 或 10^8 称为循环基数。

测定疲劳极限（或测定循环基数为 10^7 的条件疲劳极限）时，可依照下述方法进行：

我们将试件超过指定的 10^7 次循环而未发生破坏的情况，称为越出。在应力由高到低的实验过程中，假定第 7 根试件在应力 σ_7 作用下经 10^7 次循环越出(前 6 根试件均破坏)，且 $(\sigma_6 - \sigma_7)$ 不超过 σ_7 的 5%，那么定义 σ_6 与 σ_7 的平均值为 σ_{-1}，即

$$\sigma_{-1} = \frac{1}{2}(\sigma_6 + \sigma_7) \qquad\qquad (2-11)$$

若 $(\sigma_6 - \sigma_7)$ 超过 σ_7 的 5%，则还需取第 8 根试件进行实验，且取 $\sigma_8 = (\sigma_6 + \sigma_7)/2$。实验结果可能有两种情况，即第 8 根试件未经 10^7 次循环而破坏或经 10^7 次循环越出。

若第 8 根试件经 10^7 次循环破坏，且 $(\sigma_8 - \sigma_7)$ 小于 σ_7 的 5%，则定义

$$\sigma_{-1} = \frac{1}{2}(\sigma_8 + \sigma_7) \qquad\qquad (2-12)$$

若第 8 根试件经 10^7 次循环越出，且 $(\sigma_6 - \sigma_8)$ 小于 σ_8 的 5%，则定义

$$\sigma_{-1} = \frac{1}{2}(\sigma_8 + \sigma_6)$$

本实验采用 8 级左右的应力，各个试件所受的最大应力 σ_{max} 不同，其疲劳寿命相应的也不相同。若以 σ_{max} 为纵坐标，以 $\lg N$(N 为循环次数)为横坐标，根据各数据点可绘出最大应力 σ_{max} 与疲劳寿命 N 的关系曲线，即 σ_{max}-N 曲线(工程上称为 S-N 曲线)，如图 2-11 所示。

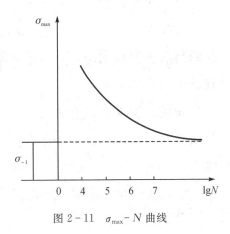

图 2-11　σ_{max}-N 曲线

三、仪器设备

(1) 弯曲式疲劳试验机。

(2) 游标卡尺。

(3) 显微镜。

四、实验方法和步骤

(1) 试件准备。试件采用圆棒试件，具体加工及尺寸要求参考 GB4337—2015。取 8~10 根试件，经检查符合要求后，任取一根试件，测定其静强度极限 σ_b。

(2) 弯曲式疲劳试验机准备。认真学习弯曲式疲劳试验机操作规程，空转机器，检查电机运转是否正常。

(3) 安装试件。将试件装入弯曲式疲劳试验机，检查上下跳动量（手动缓慢转动转轴）是否符合规定。

(4) 指导教师检查上述步骤完成情况。在空载情况下开启试验机，检查跳动量是否符合规定。

(5) 进行实验。第一根试件的交变应力最大值 σ_{max} 取在 $0.6\sigma_b$ 左右。先空载开机，然后迅速而无冲击地加载到规定值，记录初读数，试件断裂后机器自动停止，转速计随之停转，将末读数减初读数即可得到试件的疲劳寿命。

说明：第二根试件的交应变应力最大值 σ_{max} 略低于第一根试件的最大应力，第三、第四……依次类推。自第 6 根试件开始测定疲劳极限。

(6) 观察断口形貌，注意疲劳破坏特征。

(7) 结束实验。

五、注意事项

（1）本实验所需时间太长，各小组可只进行一根试件的实验并注意加载数据与其他小组加载数据的关系。

（2）本实验不允许在加载运转状态下停止，因此实验时必须在电源有绝对保证的情况下进行。

实验五　复合材料拉伸实验

一、实验目的

（1）了解电子万能试验机的构造和使用方法。

（2）观察复合材料拉伸断裂现象。

（2）掌握复合材料的拉伸实验方法。

（3）能根据测量结果分析复合材料的力学性能。

二、基本原理

拉伸实验是复合材料最基本的力学性能测试实验，可用来测定纤维增强材料的拉伸性能。实验采用电子万能试验机对试件轴向匀速施加静态拉伸载荷，直到试件断裂或达到预定的伸长量，由电子万能试验机实时记录整个过程中施加在试件上的载荷和试件的伸长量，测定拉伸应力（拉伸屈服应力、拉伸断裂应力或拉伸强度）、拉伸弹性模量、泊松比、断裂伸长率等参数。

拉伸应力指在试件的标距范围内，拉伸载荷与初始横截面积之比。拉伸屈服应力指在拉伸实验过程中，试件出现应变增加而应力不增加时的初始应力，该应力可能低于试件能达到的最大应力。拉伸断裂应力指在拉伸实验中，试件断裂时的拉伸应力。拉伸强度指材料拉伸断裂之前所承受的最大应力（当最大应力发生在屈服点时，该最大应力称为屈服拉伸强度；当最大应力发生在断裂时，该最大应力称为断裂拉伸强度）。拉伸应变指在拉伸载荷的作用下，试件在标距范围内产生的长度变化率。拉伸弹性模量指在材料的弹性范围内，拉伸应力与拉伸应变之比。泊松比指在材料的比例极限范围内，由均匀分布的轴向应力引起的横向应变与相应的轴向应变之比的绝对值(注意:对于各向异性材料,泊松比随应力的施加方向不同而改变。若超过材料的比例极限,该比值随应力变化但不是泊松比)。应力-应变曲线指应力与应变的关系图(注意:通常以应力值为纵坐标,应变值为横坐标)。断裂伸长率指在拉力作用下,试件断裂时在标距范围内的伸长量与初始长度的比值。

三、仪器设备

(1) 100 kN 电子万能试验机。

(2) 游标卡尺、钢尺板。

(3) YJ-100 引伸计。

四、实验方法和步骤

(1) 准备试件。本次实验采用 GB/T 1447—2005 中规定的Ⅱ型纤维增强热固性复合材料板材试件,长度 $L=250$ mm,宽度 $b=25$ mm,厚度 $d=4$ mm,夹持部分加强片采用与试件相同的材料,厚度为 2 mm,如图 2-12 所示。

(2) 准备实验。用游标卡尺测量并记录试件工作段任意三处的宽度、厚度和标距等基本尺寸。

(3) 安装试件。夹持试件到电子万能试验机上,将试件的中心线与电子万能试验机上下夹头的对准中心线对齐,夹紧夹头之前对电子万能试验机载荷值清零,然后夹紧。

(4) 准备加载。编辑电子万能试验机实验方案,设定加载速度,一般为 2 mm/min。

(5) 安装引伸计。安装 100 mm 标距的引伸计到试件上,测定标距段变形。

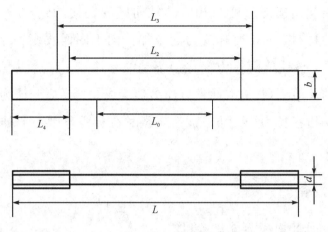

图 2 - 12　Ⅱ型试件

（6）连续加载至试件变形达到预设值时，取下引伸计。然后继续加载至试件断裂。

（7）结束实验。记录数据，关闭电源。

五、注意事项

（1）严格遵守电子万能试验机操作规程。

（2）实验过程中发生任何故障或异常响动，应立即按下急停开关。

（3）及时取下引伸计，以免超量程使用，或对引伸计造成损坏。

（4）实验结束后，切断电源，清理实验环境。

六、数据处理

（1）计算复合材料拉伸性能参数。

拉伸强度计算式：

$$\sigma_t = \frac{F}{bd} \tag{2-13}$$

式中：σ_t——拉伸应力（拉伸屈服应力、拉伸断裂应力或拉伸强度），单位为 MPa；

F——断裂载荷（或最大载荷），单位为 N；

b——试件宽度，单位为 mm；

d——试件厚度，单位为 mm。

拉伸弹性模量计算式：

$$E_t = \frac{\sigma'' - \sigma'}{\varepsilon'' - \varepsilon'} \qquad (2-14)$$

式中：E_t——拉伸弹性模量，单位为 GPa；

σ''——应变 $\varepsilon''=0.0025$ 时测得的拉伸应力值，单位为 MPa；

σ'——应变 $\varepsilon'=0.0005$ 时测得的拉伸应力值，单位为 MPa。

断裂伸长率计算式：

$$\varepsilon_t = \frac{\Delta L_b}{L_0} \times 100\% \qquad (2-15)$$

式中：ε_t——试件断裂伸长率，单位为％；

ΔL_b——试件拉伸断裂时在标距 L_0 内的伸长量，单位为 mm；

L_0——测量的标距，单位为 mm。

（2）利用计算机绘制复合材料拉伸的应力-应变曲线。

七、思考题

（1）如果夹持试件时，试件中心线与夹头中心线不对齐，会对实验结果造成什么影响？

（2）单项材料与复合材料的特性有哪些不同？

实验六　复合材料弯曲实验

一、实验目的

(1) 了解电子万能试验机的工作原理和使用方法。

(2) 了解复合材料弯曲性能测试的方法。

(3) 能根据测试结果进行数据计算分析。

二、基本原理

复合材料弯曲实验过程参照《塑料弯曲性能的测定》(GB/T 9341—2008)进行。复合材料的弯曲实验是把试件支撑成横梁，使其在跨度中心以恒定速度弯曲，直到试件断裂或变形达到预定值，测量该过程中对试件施加的压力。

三、仪器设备

(1) 100 kN 电子万能试验机。

(2) 游标卡尺、钢尺板。

(3) 千分表。

四、实验方法和步骤

(1) 实验采用的复合材料试件的厚度为 2 mm、宽度为 25 mm，加载形式如图 2-13 所示。加载上压头应为圆柱面，其半径 $R=(5\pm0.1)$ mm。支座圆角半径 $r=(0.5\pm0.2)$ mm。

(2) 给试件编号，在试件上划线，用游标卡尺测量试件中间 1/3 标距处任意三点的宽度和厚度，并取算术平均值，精确到 0.01 mm。

(3) 调节标距及上压头的位置，使上压头位于支座中间，且上压

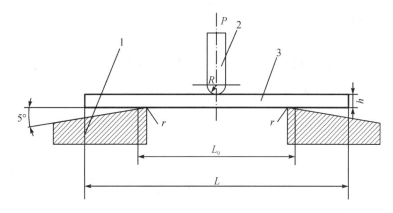

1—试样支座；2—上压头；3—试件；L_0—标距；P—载荷；
L—长度；h—厚度；R—上压头半径；r—支座圆角半径

图 2 - 13　复合材料弯曲实验加载示意图

头和支座的圆柱面轴线相平行。标距取值为试件厚度的 16 倍。标记试件受拉面，将试件对称地放在两支座上。

（4）将千分表置于标距中点处，且与试件下表面接触。施加初始载荷（约为断裂载荷的 5%），检查和调整仪表，使整个系统处于正常状态。

（5）编辑电子万能试验机实验方案，设定加载速度为 2 mm/min，进行连续加载。

（6）实验完毕，记录数据，关闭电子万能试验机电源和计算机。

五、注意事项

（1）严格遵守电子万能试验机操作规程。

（2）实验过程中发生任何故障或异常响动，应立即按下急停开关。

（3）及时取下测量变形的千分表，以免造成损坏。

（4）实验结束后，切断电源，清理实验环境。

六、数据处理

（1）根据复合材料的载荷-挠度曲线可以计算复合材料的弯曲强度 σ_b 和弯曲弹性模量 E_b：

$$\sigma_b = \frac{3PL_0}{2bh^2} \qquad\qquad (2-16)$$

$$E_b = \frac{L_0^3 \Delta P}{4bh^3 \Delta S} \qquad\qquad (2-17)$$

式（2-16）和式（2-17）中：

σ_b —— 弯曲强度，单位为 MPa；

P —— 断裂载荷（或最大载荷），单位为 N；

L_0 —— 标距，单位为 mm；

b —— 试件宽度，单位为 mm；

h —— 试件厚度，单位为 mm，

E_b —— 弯曲弹性模量，单位为 MPa；

ΔP ——载荷-挠度曲线上初始直线段的载荷增量，单位为 N；

ΔS ——与载荷增量 ΔP 对应的标距中点处的挠度，单位为 mm。

（2）作出试件的弯曲力学性能曲线。

（3）计算弯曲性能结果，并比较各试件弯曲性能的区别，分析其影响因素。

七、思考题

讨论分析试件在弯曲时的应力状态。

实验七　光弹性观察实验

一、实验目的

（1）了解透射式光弹仪各部分的名称和作用，初步掌握光弹仪的使用方法。

（2）观察光弹性模型受力后在偏振光场中的光学效应。

二、基本原理

透射式光弹仪一般由光源、一对偏振片、一对四分之一波片以及透镜和屏幕等组成。靠近光源的偏振片称作起偏镜，它将来自光源的自然光变为平面偏振光；靠近起偏镜的第一个四分之一波片，将来自起偏镜的平面偏振光变成圆偏振光；模型后面的第二个四分之一波片，其快轴和慢轴恰好与第一个四分之一波片的快轴和慢轴正交，使得来自受力了的模型后的圆偏振光还原为自起偏镜发出的平面偏振光；靠近屏幕的偏振片称作检偏镜（又称作分析镜），它将受力的模型各方向上的光波合成到偏振方向，以便观察分析。

光学元件布置可分为平面偏振光场布置和圆偏振光场布置两种，如图2-14、图2-15所示。

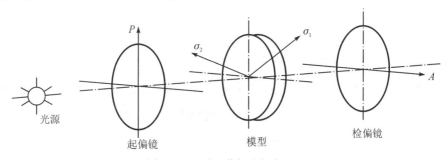

图 2-14　平面偏振光场布置图

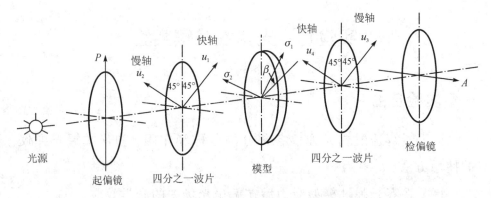

图 2-15　正交圆偏振光场布置简图

在平面偏振光场中，当检偏轴与起偏轴相互正交时，称为正交平面偏振光场，视场呈暗场。光通过受力了的模型后，将产生光程差 δ，此光程差与模型厚度 h 及主应力差 $\sigma_1 - \sigma_2$ 成正比，即

$$\delta = ch(\sigma_1 - \sigma_2) \qquad (2-18)$$

当光程差为光波波长 λ 的整数倍，即 $\delta = n\lambda$（$n = 0, 1, 2, 3, \cdots$）时，光产生消光干涉，呈现黑点，同时满足光程差为同一整数倍波长的诸点，将形成黑线，称为等差线。又因

$$ch(\sigma_1 - \sigma_2) = n\lambda$$

则有

$$\sigma_1 - \sigma_2 = \frac{n}{h} \cdot \frac{\lambda}{c} = \frac{nf}{h} \qquad (2-19)$$

其中，$f = \dfrac{\lambda}{c}$ 称为材料条纹值。由此可知，等差线上各点的主应力差相同，对应于不同的 n 值则有 0 级，1 级，2 级……等差线。

当模型的应力主轴与偏振轴重合时，光也产生消光干涉，呈现黑点。模型上应力主轴与偏振轴重合的诸点，将形成黑线，称为等倾线。等倾线上各点的主应力方向相同。

在平面偏振光场中，当两偏振轴相互平行时，称为平行平面偏振光场，视场呈亮场。当平面偏振光通过受力了的模型后，所产生的光程差为光波波长的奇数倍时，光产生消光干涉，呈现黑点，在亮场中所得等差线为 0.5 级，1.5 级……称为半级等差线。

为了消除等倾线以便获得清晰的等差线图，在两偏振片之间加入一对四分之一波片，且两波片的快轴及慢轴相互正交。当检偏轴与起偏轴相互正交时，称为双正交圆偏振光场，视场呈现暗场，产生等差线的条件同于正交平面偏振光场。当检偏轴与起偏轴平行时，呈现亮场，称为平行圆偏振光场，产生等差线的条件同于平行平面偏振光场。

光弹性圆盘试件、偏心拉伸试件和偏心拉伸试件的实验结果参见图 2-16~图 2-18。

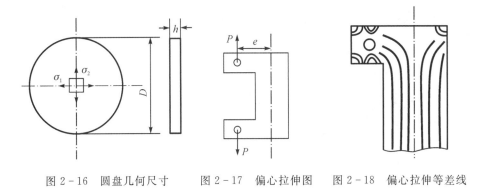

图 2-16　圆盘几何尺寸　　　图 2-17　偏心拉伸图　　图 2-18　偏心拉伸等差线

三、仪器设备

（1）409-Ⅱ光弹仪一台。

（2）光弹性模型（圆盘、圆环、吊钩、偏心拉伸试件、弯曲梁等）。

四、实验方法和步骤

（1）观察光弹仪的各组成部分，了解其名称和作用。

（2）取下两块四分之一波片，将两偏振片正交放置，开启白光光源，然后单独旋转检偏镜，反复观察平面偏振光场光强变化情况，分析各光学元件的位置和作用，并正确地调整出正交和平行两种平面偏振光场。

（3）调整加载杠杆，放入圆盘试件，使之对径受压，逐级加载，观察等差线与等倾线的形成。同步旋转两偏振片，观察等倾线的变化及特点。

（4）在正交平面偏振光场中，加入两块四分之一波片，先将一块四分之一波片放入并转动，使视场成为暗场，然后转 45°，再将另一块四分之一波片放入并转动，使视场再成为暗场，即得双正交圆偏振光场。

（5）在白光光源下，观察等差线条纹图，逐级加载，观察等差线的变化。再单独旋转检偏镜 90°，形成平行圆偏振光场，观察等差线的变化情况。

（6）熄灭白光，开启单色光源，观察等差线图。试比较两种光源下，等差线的区别和特点。

（7）换上其他试件，重复步骤（3）至（5）。

（8）关闭光源。去掉载荷，取下试件。

五、注意事项

（1）光弹仪的镜片部分切勿用手触摸。

（2）加载时，切勿载荷过大，使试件弹出，从而损坏光弹性试件。

六、思考题

（1）如何区分等差线和等倾线？

（2）对径受压圆盘外圆边界处，等倾线角度有何特点？说明什么问题？

实验八 直杆、平面曲杆偏心拉伸实验

一、实验目的

（1）用电测法测定直杆及平面曲杆受偏心拉伸时截面上应力的大小及分布规律，并将其与理论计算应力比较，验证理论公式。

（2）比较直杆与曲杆应力分布的特点。

（3）熟悉电阻应变仪的原理和使用方法。

二、基本原理

本实验采用矩形截面直杆和矩形截面曲杆，加载方式和测点布置如下。

1. 直杆受偏心拉伸

直杆受偏心拉伸，如图 2-19 所示，其横截面上任一点的正应力公式为

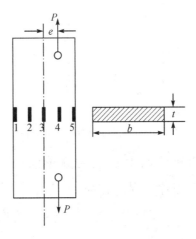

图 2-19 直杆受偏心拉伸

$$\sigma = \frac{N}{A} + \frac{M}{I_z} \cdot y = \frac{P}{A} + \frac{P \cdot e}{I_z} \cdot y \qquad (2-20)$$

式中：A——横截面积。

式(2-20)说明截面上任一点的正应力为拉(压)应力和弯曲应力之和，正应力沿横截面呈线性分布，如图 2-20 所示，最大与最小正应力分别为

$$\sigma_{max} = \sigma_3 = \frac{P}{A} + \frac{p \cdot e}{W}$$
$$\qquad (2-21)$$
$$\sigma_{min} = \sigma_1 = \frac{P}{A} - \frac{p \cdot e}{W}$$

式中：W——抗弯截面模量，$W = \dfrac{tb^2}{6}$。

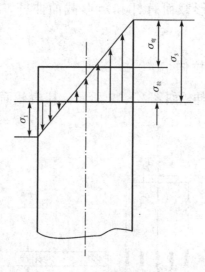

图 2-20　正应力横截面分布图

由上述分析可知横截面上各点均为单向应力状态。沿轴线方向依次贴上五片电阻应变片，测得在拉力 P 作用下各点的线应变 ε，然后按胡克定律 $\sigma = E \cdot \varepsilon$，即可求得相应各点的应力值，绘制出应力分布曲线。

2. 平面曲杆受偏心拉伸

由理论可知，横截面上任一点的正应力公式为

$$\sigma = \frac{N}{A} + \frac{M}{A(R-r)}\left[1 - \frac{r}{p}\right] \qquad (2-22)$$

式中：N—— 轴向力，$N=P$；

M—— 截面上的弯矩，$M=P \cdot e$；

A—— 横截面面积，$A=bt$；

R—— 曲杆的杆轴线曲率半径，$R=\frac{1}{2}(R_1+R_2)$；

ρ—— 测点至曲杆的曲率中心 O 的距离；

r—— 纯弯曲时曲杆中性层的曲率半径。

对于矩形截面：

$$r = \frac{b}{\ln \dfrac{R_1}{R_2}}, \; b = R_1 - R_2$$

式(2-22)表示截面上任一点的正应力为拉应力与弯曲应力之和，正应力的分布为双曲线规律分布，如图 2-21(b)所示。

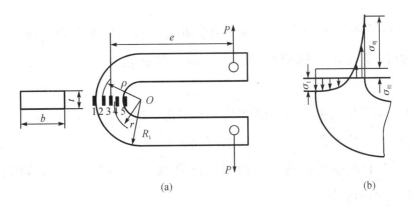

(a)　　　　　　　　　　(b)

图 2-21　曲杆受偏心拉伸

最大正应力为

$$\sigma_{max} = \sigma_3 = \sigma \quad (\rho = R_2)$$

最小正应力为

$$\sigma_{min} = \sigma_1 = \sigma \quad (\rho = R_1)$$

与直杆受偏心拉伸相同,贴上五片电阻应变片,如图 2-21(a)
所示,即可测得相应各点的应变值。

三、仪器设备

(1) 电子万能试验机。

(2) 静态电阻应变仪。

(3) 偏心拉伸直杆及平面曲杆试件。

(4) 游标卡尺、钢皮尺。

四、实验方法和步骤

(1) 测量试件尺寸及测点位置。

(2) 将已贴好电阻应变片的试件安装在电子万能试验机上。

(3) 依次将连接导线接入预调平衡箱,逐点调节应变仪至
"0"位。

(4) 各项工作就绪后,即可开启机器。按给定的载荷分级缓慢加
载,同时记录相应的应变值。可加载、卸载重复三遍,以观察实验
结果。

(5) 实验结束,关闭机器及仪器电源,拆下接线,整理现场。

(6) 计算各测点应力的实测值及理论值。

(7) 利用电桥特性,分别测出试件在一定载荷作用下的拉应力
和最大弯曲应力。

五、注意事项

（1）参阅纯弯曲梁正应力测量实验。

（2）考虑到试件厚度方向的初曲率影响，试件两面均贴有电阻应变片，要注意测点接线位置及数据。

六、数据处理

（1）根据不同桥接方法分别测得拉应力及弯曲正应力，并将其与综合测量结果进行分析比较。

（2）分别测出直杆和平面曲杆在拉伸时的应力并进行计算。

七、思考题

（1）试分析直杆和平面曲杆在拉伸时的应力实验误差情况。

（2）直杆偏心拉伸时如何利用电桥特性分别测得试件承受的拉应力和最大弯曲应力。

第三章　动态测试分析与实验

实验一　单自由度系统模型参数和固有频率的测定

一、实验目的

单自由度系统振动问题是工程中最常见的一种振动形式。实际工程中的许多振动都可以简化抽象为由一个独立坐标来描述的振动模型。本实验对简支梁承载运动系统进行简化并做相应测试分析，主要目的：

(1) 学会单自由度系统模型简化与抽象的基本方法。

(2) 掌握振动模型刚度和固有频率的测定技术与方法。

(3) 初步学会处理和消除理论解与实验结果之间的误差。

二、基本原理

实验模型是将集中质量块和偏心电机安装在简支梁上，如图3-1(a)所示。当电机和集中质量块一起沿垂直方向运动时，由于梁有弹性相当于一个弹簧，因此当梁的质量比集中质量块和电机的质量小得多时，则可忽略梁的质量，整个系统就可以简化为单自由度系统振动的力学模型，如图3-1(b)所示。

图3-1(b)中，c 为阻尼元件的阻尼系数，k 为刚度元件的弹性系数，质量元件的质量 m 等于集中质量块和电机质量之和，则单自由度系统受迫振动微分方程为

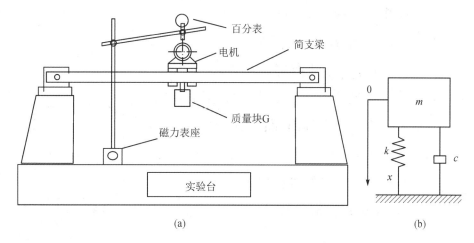

(a)　　　　　　　　　　　　　　　　(b)

图 3 - 1　简支梁振动系统及其简化模型

$$m\ddot{x} + c\dot{x} + kx = F \tag{3-1}$$

式中：F——偏心电机施加给振动系统的正弦激振力。

弹性系数为

$$k = \frac{W}{\delta} \tag{3-2}$$

式中：W——静载荷；

δ——静位移。

固有频率为

$$\omega_n = \sqrt{\frac{k}{m}} \tag{3-3}$$

只要确定了模型参数 k、m、c，力学和数学模型就完全确定了。本实验主要分析 k、m 参数的测定和计算，并且应用李萨如图形法测定振动系统的固有频率。阻尼系数 c 在以后的实验中讨论。

三、仪器设备

（1）磁力表架一只。

（2）百分表或千分表一只。

(3) 集中质量块 G 一只。

(4) SJF-3 型激振信号源一台。

(5) JZ-1 型电动式激振器一个。

(6) ZG-1 型磁电式振动速度传感器一个。

(7) SCZ2-3 型双通道测振仪一台。

(8) 单相偏心电机一台，调压器一只。

(9) 微型计算机系统及振动测试软件一套。

(10) 简支梁机械振动实验台架一座。

四、实验方法和步骤

(1) 用磁力表架将百分表或千分表置于电机顶部(即集中质量块位置)，调整表架，使表内指针具有 5~10 刻度左右的初始值，然后调整百分表或千分表刻度盘，使指针归零。

(2) 将集中质量块 G 轻轻安装在简支梁中部螺孔内。

(3) 从百分表或千分表盘上读取刻度，按刻度值换算成静位移 δ。

(4) 取下集中质量块 G，重新调整使指针归零。重复步骤(2)和(3)，反复测试数次，一般不少于 10 次。最后剔除不合理的数据(离差太大的数)，取平均值作为 δ 的真值，即

$$\delta = \bar{\delta} = \sum_{i=1}^{n} \frac{\delta_i}{n} \qquad (3-4)$$

(5) 将所测数据 δ 和集中质量块 G 所受重力 W_1(W_1 等于简支梁所受静载荷)代入式(3-2)中，即可求得 k 的值。

(6) 取下电机、质量块 G 及夹板等零件，称出其质量。则

$$m = \frac{W_1 + W_2 + W_3}{g}$$

式中：W_1——质量块所受重力；

　　　W_2——电机所受重力；

　　　W_3——夹板等零件所受重力。

（7）将所得 k 和 m 值代入式（3-3）中，即可求得固有频率 ω_n 的值。

（8）拆除百分表或千分表与磁力表架。

（9）按照图 3-2(a)框图接好导线，将激振信号源输入端与计算机 X 轴通道相接。用传感器测量质量块 G 的振动，其信号经测振仪放大后接入计算机 Y 轴通道。

（10）用调速电机给系统施加一频率未知的激振力。在测量过程中，不改变调压器电压，使电机转速保持不变。

（11）接通激振信号源的电源并调整频率，计算机屏幕打开时，屏幕上出现李萨如图形轨迹曲线。当图形为直线、椭圆或圆时，根据"共振相位判别法"，此刻激振信号源所显示的频率即为系统的固有频率 ω_n。

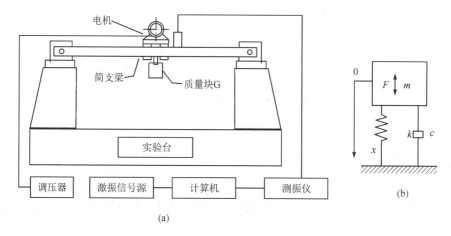

(a)

(b)

图 3-2　系统振动测试仪器和设备装配框图及其力学模型

五、注意事项

（1）千分表或百分表测试时，一定要事先调整使之有初始值，然后调整表盘使指针归零。

（2）质量块安装时要轻拿轻放，拆卸时防止砸伤手指。

（3）偏心电机接通电源后，偏心电机和集中质量块一侧严禁站人，以防偏心电机或集中质量块脱落伤人。

六、数据处理

（1）将多次测出的静位移数据填入表 3-1 中。

表 3-1　静位移 δ_i 记录表

序号	1	2	3	4	5	6	7	8	9	10	11	12
静位移 δ_i/mm												

（2）计算弹性系数 k 与固有频率 ω_n。

将固有频率的理论计算结果和测试值填入表 3-2 中。

表 3-2　数据计算表

静位移 δ ($\times 10^{-3}$)/m	质量块所受重力 W_1/N	弹性系数 k /(N·m^{-1})	质量 m/kg	固有频率 ω_n	
				理论值	实测值

（3）分析系统误差及其产生的原因。

七、思考题

（1）为什么不将偏心电机和集中质量块一起拆卸多次来测试静位移？

（2）单自由度振动模型简化时，应注意的主要问题是什么？

（3）分析集中质量块对系统振动测试结果可能有什么影响？

实验二　"李萨如图形法"测量简支梁各阶固有频率

一、实验目的

（1）理解李萨如图形的变化规律和特点。

（2）掌握"李萨如图形法"测量简谐振动频率的方法。

（3）学会用"共振相位判别法"测量简支梁的固有频率。

二、基本原理

互相垂直、频率不同的两个简谐振动合成后，显示出相当复杂的波形曲线。一般情况下，合成振动的轨迹是不稳定的。若两个简谐振动的频率成简单的整数比，合成振动的轨迹将沿一根稳定的闭合曲线行进。

1. 李萨如图形及其变化规律

设互相垂直、频率相同的两个简谐振动的方程为

$$\begin{cases} x = A_1 \sin(\omega t - \alpha_1) \\ y = A_2 \sin(\omega t - \alpha_2) \end{cases} \qquad (3-5)$$

式中：A_1、A_2——x、y 方向简谐振动的振幅；

α_1、α_2 ——x、y 方向简谐振动的初相位；

ω ——简谐振动的固有频率。

从式（3-5）中消去时间 t，就得到合成振动的轨迹，即

$$\frac{x^2}{A_1^2} + \frac{y^2}{A_2^2} - \frac{2xy}{A_1 A_2}\cos(\alpha_2 - \alpha_1) = \sin^2(\alpha_2 - \alpha_1) \qquad (3-6)$$

通常情况下，式（3-6）是一个椭圆方程。它的图形形状及方位由相位差 $\alpha = \alpha_2 - \alpha_1$ 来确定。

当 $\alpha = \alpha_2 - \alpha_1 = 0$ 或 $\alpha = \alpha_2 - \alpha_1 = 2\pi$ 时，式（3-6）转化为

$$y = \frac{A_2}{A_1} x \qquad\qquad (3-7)$$

式（3-7）是通过坐标原点的直线方程，这条直线与 ox 轴的夹角正切值等于 A_2/A_1。动点沿直线做简谐振动，如图 3-3(a) 所示。

当 $\alpha = \alpha_2 - \alpha_1 = \pi$ 时，式（3-6）转化为

$$y = -\frac{A_2}{A_1} x \qquad\qquad (3-8)$$

式（3-8）也是通过坐标原点的直线方程，这条直线与 ox 轴的夹角正切值等于 $-A_2/A_1$，如图 3-3(e) 所示。

当 $\alpha = \alpha_2 - \alpha_1 = \dfrac{\pi}{2}$ 或 $-\dfrac{3\pi}{2}$ 时，式（3-6）变为

$$\frac{x^2}{A_1^2} + \frac{y^2}{A_2^2} = 1 \qquad\qquad (3-9)$$

式（3-9）是一个以 ox 和 oy 为轴的椭圆方程。其轨迹如图 3-3(c) 所示。$\omega t - \alpha_2 = 0$ 时刻，式（3-5）中，$y = 0$，而 $x > 0$，椭圆轨迹的点在正 x 轴上，在稍后时刻，$\omega t - \alpha_2 > 0$，$y > 0$，$x > 0$，即椭圆轨迹的点就在坐标系的第一象限内，因此，椭圆轨迹的点是逆时针走向。

当相位差的符号改变时，椭圆轨迹上的点的走向也要反向。当 $\alpha = \alpha_2 - \alpha_1 = -\dfrac{\pi}{2}$ 或 $\dfrac{3\pi}{2}$ 时，椭圆轨迹的点是顺时针走向，如图 3-3(f) 所示。

当两个振幅相等 $A_2 = A_1$ 时，椭圆变为圆。

当相位差 $\alpha = \alpha_2 - \alpha_1 \neq \pm\dfrac{\pi}{2}$ 或 $\pm\dfrac{3\pi}{2}$ 时，椭圆都不以 ox 和 oy 为轴，见图 3-3(b)、(d)。

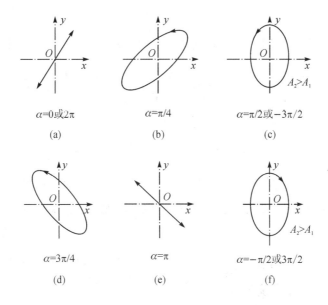

图 3 - 3　相位差 α 变化时的李萨如图形

2. 共振相位判别法

共振相位判别法是根据共振时的特殊相位以及共振前后相位的变化规律来识别共振的一种方法。在简谐激振力的情况下，用相位变化来判定共振是一种比较敏感的方法，而且共振时的频率就是系统的无阻尼固有频率，可以排除阻尼因素的影响。

设激振信号为 F，振动体位移、速度、加速度信号分别为 x、$\dot{x}$、$\ddot{x}$，即

$$F = F_0 \sin\omega t \qquad (3-10)$$

$$x = A\sin(\omega t - \varphi) \qquad (3-11)$$

$$\dot{x} = A\omega\cos(\omega t - \varphi) \qquad (3-12)$$

$$\ddot{x} = -A\omega^2\sin(\omega t - \varphi) \qquad (3-13)$$

$$\tan\varphi = \frac{2n\omega}{\omega_n^2 - \omega^2} \qquad (3-14)$$

根据共振条件和相频特性知，共振时，$\omega = \omega_n$，$\varphi = \pi/2$。

1) 位移判别共振

测量振动位移时，测振仪上所反映的是振动体的位移信号。将位移信号输入 Y 轴通道，激振信号输入 X 轴通道，即

$$X = F = F_0 \sin\omega t \qquad (3-15)$$

$$Y = x = A\sin(\omega t - \varphi) \qquad (3-16)$$

上述振动信号使屏幕上显现一椭圆曲线图像。共振时，$\omega = \omega_n$，$\varphi = \pi/2$。因此，X 轴振动信号与 Y 轴振动信号的相位差 $\alpha = \varphi - 0 = \pi/2$。根据李萨如图形的变化规律和特点知，屏幕上图像将是一个正椭圆曲线。当 ω 略大于 ω_n 或略小于 ω_n 时，图像都将由正椭圆变为斜椭圆，其变化过程如图 3-4 所示。所以，图像由斜椭圆变为正椭圆时的频率就是振动系统的固有频率。

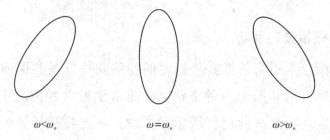

$$\omega < \omega_n \qquad\qquad \omega = \omega_n \qquad\qquad \omega > \omega_n$$

图 3-4　位移判别共振的李萨如图形

2) **速度判别共振**

测量振动系统速度时，测振仪上所反映的是振动体的速度信号。将速度信号输入 Y 轴通道，激振信号输入 X 轴通道，即

$$X = F = F_0 \sin\omega t \qquad (3-17)$$

$$Y = \dot{x} = A\omega\cos(\omega t - \varphi)$$

$$= A\omega\sin\left[\omega t + \frac{\pi}{2} - \varphi\right] \qquad (3-18)$$

屏幕上图像显现一个椭圆曲线。共振时，$\omega = \omega_n$，$\varphi = \pi/2$。因此，X 轴振动信号与 Y 轴振动信号的相位差 $\alpha = \varphi - \pi/2 - 0 = 0$。根

据李萨如图形的变化规律和特点知,屏幕上图像应是一条直线。当ω略大于ω_n或略小于ω_n时,图像都将由直线变为椭圆,其变化过程如图3-5所示。所以,图像由椭圆变为直线时的频率就是振动系统的固有频率。

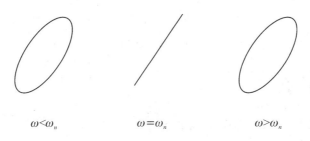

$$\omega<\omega_n \qquad\qquad \omega=\omega_n \qquad\qquad \omega>\omega_n$$

图3-5　速度判别共振的李萨如图形

3）加速度判别共振

测量振动系统加速度时,测振仪上所反映的是振动体的加速度信号。将加速度信号输入Y轴通道,激振信号输入X轴通道,即

$$X = F = F_0\sin\omega t \qquad\qquad (3-19)$$

$$Y = \ddot{x} = -A\omega^2\sin(\omega t - \varphi)$$
$$= A\omega^2\sin(\omega t + \pi - \varphi) \qquad\qquad (3-20)$$

屏幕上图像显现一椭圆曲线。共振时,$\omega = \omega_n$,$\varphi = \dfrac{\pi}{2}$。因此,X轴振动信号与Y轴振动信号的相位差$\alpha = \varphi - \pi - 0 = -\dfrac{\pi}{2}$。根据李萨如图形的变化规律和特点知,屏幕上图像应是一正椭圆曲线。当ω略大于ω_n或略小于ω_n时,图像都将由正椭圆曲线变为斜椭圆曲线,其变化过程如图3-6所示。所以,图像由斜椭圆变为正椭圆时的频率就是振动系统的固有频率。

$\omega<\omega_n$　　　　　$\omega=\omega_n$　　　　　$\omega>\omega_n$

图 3-6　加速度判别共振时的李萨如图形

三、仪器设备

(1) YE6251Y1 功率放大器；

(2) YE15400 电动式激振器；

(3) CL-YD-331A 阻抗头；

(4) YE6251Y6 加速度测量仪；

(5) YE6251Y5 力测量仪；

(6) 简支梁机械振动实验台架。

(7) 计算机(内装信号采集分析软件)。

四、实验方法和步骤

(1) 安装简支梁系统,如图 3-7 所示,将电动式激振器移至原电磁阻尼器的位置并安装好。

(2) 使信号源产生正弦信号,频率从 10 Hz 开始。将功放面板的"输入选择"置于 INT 位置,使激振器激振。

(3) 通过加速度积分得到速度,采用阻抗头测力。打开一个时域波形视图,将力和速度这两个通道放在一起显示(X-Y 通道)。

(4) 调节信号源的频率,初始力和速度相位相差90°,在谐振时,力和速度的相位应为同相。记下谐振时的频率值(此值即为简支梁固有频率)。

（5）用上面方法依次测量前 4 阶固有频率。

（6）实验完毕后，将信号源功放面板的"输入选择"置于 EXT 位置，关掉电源开关，将仪器和设备恢复实验前的状态。

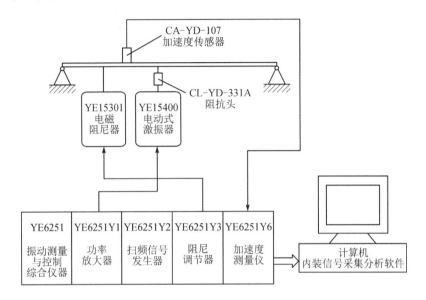

图 3-7　仪器和设备装配框图

五、注意事项

调整信号源的输出调节开关时，注意不要过载。电流量一般控制在 200 mA 左右。

六、数据处理

（1）将位移、速度、加速度三种判别共振法所得到的共振频率用表格形式记录下来。

（2）将三种判别共振的李萨如图形分别绘制出来。

七、思考题

(1) 为什么共振时，$\omega = \omega_n$，$\varphi = \pi/2$？

(2) 为什么 $\alpha = 3\pi/2$ 时，李萨如图形的椭圆轨迹上的点是顺时针走向？

实验三 悬臂梁动态特性参数的测试

概 述

悬臂梁是一种一端固定一端自由的梁。它的结构简单，在实际工程中有较多的应用，除用作工程构件外，机械加工中的刀杆、测量传感器中的弹性元件等，也都采用悬臂梁结构。本实验用"机械阻抗"或称"频率响应"方法，测试悬臂梁的固有频率、阻尼比和振型等动态特性参数。本实验采用的激励方式为稳态正弦激振和瞬态激振这两类方式。

悬臂梁是一连续弹性体，有无限多个自由度，即有无限多个固有频率的主振型。在一般情况下，梁的振动是无穷多个主振型的叠加。如果给梁施加一个合适大小的激振力，且该力的频率正好等于梁的某阶固有频率，就会产生共振，对应于这一阶固有频率确定的振动形态称作这一阶主振型，这时其他各阶振型的影响可以忽略不计。本实验采用共振法确定梁的各阶固有频率及主振型，只要连续调节激振力，当梁出现某阶主振型且振动幅值最大即产生共振时，就认为这时的激振力频率是梁的这一阶固有频率。实际上，我们关心的通常是最低几阶固有频率及主振型。

本实验采用矩形截面悬臂梁，如图 3-8 所示。

由弹性体振动理论可知，横向振动固有频率理论值为

$$f_0 = \frac{1}{2\pi}(\beta_i l)^2 \sqrt{\frac{EI}{\rho_l l^4}} \quad (i=1,2,3,\cdots) \qquad (3-21)$$

式中：E——材料弹性模量，单位为 Pa；

ρ_l——材料线密度，单位为 kg/m，$\rho_l = \rho A$，A 为梁横截面积

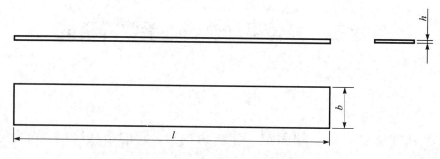

图 3-8　悬臂梁结构示意图

（单位为 m^2），ρ 为材料密度（单位为 kg/m^3）；

I ——梁截面弯曲惯性矩，单位为 m^4；

l——梁的长度；

β——待定常数因子。

其中，$\beta_1 l = 1.875$，$\beta_2 l = 4.694$，$\beta_3 l = 7.855$，$\beta_4 l = 10.966$，当 $i \geqslant 3$ 时，可以取

$$\beta_i l \approx \left(i - \frac{1}{2}\right)\pi \quad (i = 3, 4, \cdots)$$

对于矩形截面，弯曲惯性矩为

$$I = \frac{bh^3}{12}$$

式中：b——梁横截面宽度，单位为 m；

　　　h——梁横截面高度，单位为 m。

本实验取 $E = 20 \times 10^{11} Pa$，$\rho = 7800\ kg/m^3$。

各阶固有频率之比为

$$f_1 : f_2 : f_3 = 1 : 6.27 : 17.58$$

理论计算可得悬臂梁的 1、2、3 阶固有频率及 1、2、3 阶主振型，如图 3-9 所示。将实验结果与理论计算结果填于表 3-3 中。

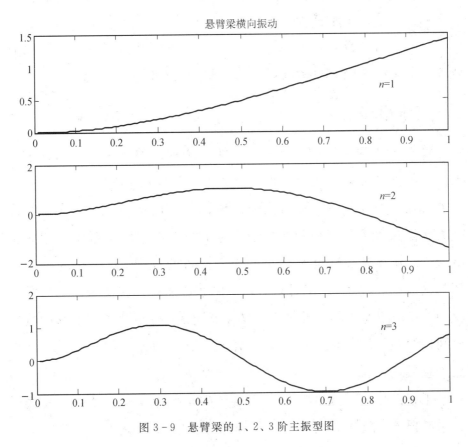

图 3-9 悬臂梁的 1、2、3 阶主振型图

表 3-3 各阶固有频率的理论计算值与实测值

固有频率	f_1	f_2	f_3
理论值			
实测值			

方法一 稳态正弦激振

一、实验目的

（1）掌握稳态正弦激振进行机械阻抗测试的仪器组合及使用方法。

（2）观察分析悬臂梁振动的各阶主振型。

（3）测出悬臂梁的各阶固有频率，并将实验所测得的各阶固有频率、主振型与固有频率的理论值、理论主振型进行比较。

二、基本原理

　　稳态正弦激振是对研究对象施加一个稳定的单一频率的正弦激振力，在研究对象达到稳定振动状态后，测定振动响应与正弦激振力的幅值比及相位差。幅值比为该激振频率时的幅频特性值，相位差为该激振频率时的相频特性值。为了测得整个频率范围内的频率响应，必须无级或有级地改变正弦激振力的频率，这一过程称为频率扫描或扫频过程。频率扫描可用手动或自动方式实现。在扫描过程中，扫描速度必须足够缓慢，以保证测试、分析仪器有足够的响应时间以及被测试件能够处于稳定振动状态。对于小阻尼系统，这点尤为重要。

　　正弦激振力一般由信号发生器产生正弦电信号，经功率放大后送给激振器，激振器便输出一正弦激振力作用于试件。在特殊情况下，也可以选用电液或机械激振设备产生正弦激振力。对于正弦激振力的幅值，可进行恒力控制，其方法是采用高阻抗输出的功率放大器，将恒定电流送给激振器来实现恒力，或通过检测到的力信号反馈到激振信号中，进行"压缩"控制实现恒力。

　　试件的振动响应，一般用测振传感器及仪器测量。

　　本实验的仪器组合框图如图 3-10 所示。低频信号发生器、功率放大器和激振器组成正弦激振系统。用加速度传感器、阻抗变换器、振动力学实验仪来检测试件的振动响应。振动力学实验仪中设有积分网络，可将振动的加速度信号转换为速度信号或位移信号。

　　根据正弦信号的频率、测得的电压值，可以得出幅频特性值。用

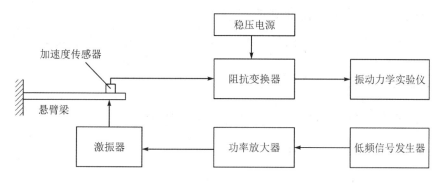

图 3 - 10　稳态正弦激振实验框图

整个频率范围内的幅频特性值作出幅频特性曲线，进而可估计出悬臂梁的固有频率和阻尼比。

三、仪器设备

(1) 低频信号发生器一台。

(2) 功率放大器一台。

(3) 激振器一台。

(4) 悬臂梁一根。

(5) 加速度传感器一个。

(6) 阻抗变换器一个。

(7) 振动力学实验仪一台。

四、实验方法和步骤

(1) 按图 3 - 10 组合好仪器，检查接线无误后，接通各仪器电源并调整好仪器，使悬臂梁轻微振动。

(2) 保持正弦激振力恒定，由低频段向高频段逐次改变信号发生器的频率。每改变一次频率，一定要让测试系统和悬臂梁都达到稳态后方可读取数据。发现悬臂梁产生共振时，应在共振频率附近多取几个频率点测试，即在共振频率附近改变频率的间隔尽可能取小一些，以便能找到较准确的共振频率值。

　　（3）分别测出悬臂梁的位移、速度、加速度响应共振频率。

五、注意事项

　　（1）调整信号源的输出调节开关时，注意不要过载。

　　（2）电流量一般控制在 200 mA 左右。

六、数据处理

　　（1）绘制悬臂梁的幅频特性曲线。

　　（2）根据所绘幅频特性曲线，求出悬臂梁的固有频率和阻尼比。

　　（3）将测得的悬臂梁固有频率与下式计算的 f_n 值进行比较。

$$f_n = \frac{A}{2\pi}\sqrt{\frac{EI}{\rho S l^4}} \tag{3-22}$$

式中：E——弹性模量；

　　　I——截面惯性矩；

　　　l——梁的长度；

　　　ρ——梁材料的密度；

　　　S——截面积；

　　　A——振型常数，1 阶时为 3.52，2 阶时为 22.4。

七、思考题

　　稳态正弦激振的特点是什么？

方法二　瞬态激振

一、实验目的

　　（1）掌握用瞬态激振方式进行机械阻抗测试的仪器组合及使用

方法。

（2）了解瞬态激振时的数据处理方法。

（3）测出悬臂梁的固有频率和阻尼比。

二、实验原理

瞬态激振与随机激振一样同属宽带激振。目前常用的瞬态激振方式有快速正弦扫描激振、脉冲激振和阶跃激振几种。实验中，用脉冲锤进行脉冲激振的较多。用脉冲锤激振，激振力可以通过改变脉冲锤的配重块的质量和敲击时的加速度进行调节。频带宽度取决于脉冲持续时间 τ。若试件的材料和锤头的材料都很硬，则 τ 值小。τ 值愈小频带宽度愈宽。采用脉冲激振，所需要的设备较少，如信号发生器、功率放大器、激振器等都可以不要，并且可以在更接近于实际的工作条件下来测定试件的机械阻抗。本实验的仪器组合框图如图 3-11 所示。手持脉冲锤敲击悬臂梁产生脉冲激励。激振力的幅值由脉冲锤上的力传感器与电荷放大器测出。加速度传感器、电荷放大器(带积分)测量梁的响应。力信号和响应信号同时送到信号处理设备，经处理后便获得所需的机械阻抗数据。

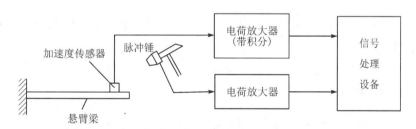

图 3-11　脉冲激振实验框图

三、仪器和设备

（1）脉冲锤一把。

(2) 电荷放大器一台。

(3) 压电式的加速度传感器一个。

(4) 带积分网络的电荷放大器一台。

(5) 信号处理设备一套。

(6) 悬臂梁一根。

四、实验方法和步骤

(1) 按图 3-11 组合好仪器，反复检查接线无误后，接通各台仪器的电源。按各台仪器的使用说明书调整仪器。让信号处理设备处于"外触发"存储信号的工作状态，等待信号输入。

(2) 用脉冲锤敲击悬臂梁的自由端。敲击的力要适当，着力点要准确，敲击后迅速拿开脉冲锤。脉冲锤与电荷放大器之间的电缆应尽量减少不必要的晃动，因为电缆的晃动会在电荷放大器的输出信号中引入噪声，影响信号处理。

(3) 用力信号或与力信号有关的信号作为信号处理设备的采样触发信号，将采样触发信号和响应信号同时存入信号处理设备。进行悬臂梁响应信号的谱分析或传递函数分析。

(4) 采用不同材料的脉冲锤，观察持续时间 τ 值及激振力的频率范围。

五、注意事项

(1) 调整信号源的输出调节开关时，注意不要过载。

(2) 电流量一般控制在 200 mA 左右。

六、数据处理

(1) 绘制出悬臂梁的幅频特性或传递函数曲线图，找出固有频率。

　　(2)求出悬臂梁的阻尼比。

　　(3)整理不同材料的脉冲锤敲击悬臂梁时的持续时间 τ 值及激振力的频率范围。

　　(4)将实验测得的固有频率与用式(3-22)计算出的固有频率进行比较。

七、思考题

　　(1)脉冲激振的特点是什么？

　　(2)对于大型工件如车床床身、汽轮机轴等能否用脉冲激振？

　　(3)脉冲激振还可应用于哪些地方？

实验四　简支梁模态测试

一、实验目的

（1）对简支梁的固有模态进行分析，了解动态特性激励方法。

（2）掌握简支梁固有模态的测试系统设计、测试系统搭建、数据采集及信号分析方法和技术。

二、基本原理

实际工程中的振动系统都是连续弹性体，其质量与刚度具有连续分布的性质，只有掌握无限多个点，在每一瞬时的运动情况，才能全面描述系统的振动。因此，理论上它们都属于无限多个自由度的系统，需要用连续模型才能加以描述。但实际上不可能这样做，通常采用简化的方法，将它们归结为有限个自由度的模型来进行分析，即将振动系统抽象为由一些集中质量块和弹性元件组成的模型。模态分析是在承认实际结构可以运用所谓模态模型来描述其动态响应的条件下，通过实验数据的处理和分析，寻求其"模态参数"。这是一种参数识别方法。模态分析的实质是一种坐标转换，其目的在于把原在物理坐标系中描述的响应向量，放到所谓模态坐标系中来描述。这一坐标系的每一个基向量恰是振动系统的一个特征向量。也就是说在这个坐标下，振动方程是一组互无耦合的方程，分别描述振动系统的各阶振动形式，每个坐标均可单独求解，得到系统的某阶结构参数。

1. 动态数据的采集及频响函数或脉冲响应函数分析

（1）激励方法。实验中，模态分析是人为地对结构物施加一定动态激励，采集各点的振动响应信号及激振力信号，根据力及响应信号，用各种参数识别方法获取模态参数。激励方法不同，相应识别方法也不同。目前主要有多输入单输出（MISO）、单输入多输出（SIMO）两种方法。本次实验采用多输入单输出（MISO）方法。

（2）数据采集。脉冲锤端部安装压力传感器，梁上分别部署加速度传感器和电涡流传感器分别进行测试，传感器输出信号先经过电荷放大再接入采集系统，经过调节的信号输入计算机由软件进行处理并计算出结果予以显示。

（3）时域或频域信号处理。例如进行谱分析、传递函数估计、脉冲响应测量以及滤波、相关分析等。

2. 振型动画

参数识别的结果得到了结构的模态参数，即一组固有频率、模态阻尼以及相应各阶模态的振型。由于结构复杂，由许多自由度组成的振型也相当复杂，因此必须采用动画的方法，将放大了的振型叠加到原始的几何形状上。

三、仪器设备

（1）YE6251Y1 功率放大器。

（2）YE15400 电动式激振器。

（3）CL－YD－331A 阻抗头。

（4）LC 系列脉冲锤。

（5）YE6251Y6 加速度测量仪。

（6）YE6251Y5 力测量仪。

（7）简支梁机械振动实验仪（INV1601B 型实验仪）。

（8）计算机（内装信号采集分析软件）。

四、实验方法和步骤

1. 确定简支梁测点

简支梁如图 3 - 12 所示，长(x 向)为 640 mm，宽为(y 向)56 mm，高为(z 向)8 mm。使用多点敲击、单点响应方法实现其 z 方向的振动模态。

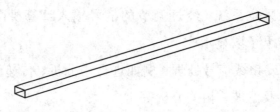

图 3 - 12　简支梁

简支梁 y、z 方向尺寸和 x 方向尺寸相差较大，可以简化为杆件，所以只需在 x 方向顺序布置若干敲击点即可(本实验采用多点移步敲击、单点响应方法)，敲击点的数目要视得到的模态的阶数而定。敲击点数目要多于所要求的阶数，得出的高阶模态结果才可信。

在 x 方向把梁分成十六等份，即可以布十七个测点，如图 3 - 13 所示。选取施振点时要尽量避免使施振点在模态振型的节点上，此处施振点在第六个敲击点处(或选取第三点作为施振点)。

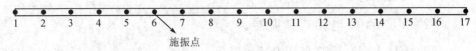

图 3 - 13　x 方向施振点

2. 仪器连接

仪器连接如图 3 - 14 所示，其中脉冲锤上的力传感器接 YE6251Y1 功率放大器第 5 通道的电荷输入端，压电加速度传感器接实验仪第 6 通道的电荷输入端，两个通道的输入选择都调节到加速度一端。

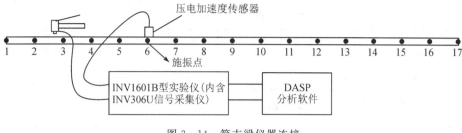

图 3-14　简支梁仪器连接

五、注意事项

（1）调整信号源的输出调节开关时，注意不要过载。

（2）电流量一般控制在 200 mA 左右。

六、数据处理

（1）加速度传感器测量的 4 个振型如图 3-15 所示。将其各阶模态参数填于表 3-4 中。

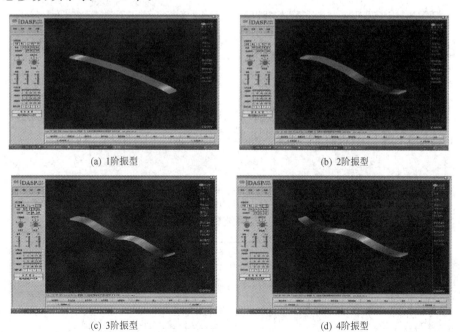

(a) 1阶振型

(b) 2阶振型

(c) 3阶振型

(d) 4阶振型

图 3-15　加速度传感器测量的 4 个振型

表 3 - 4　加速度传感器测量值

模态参数	第 1 阶	第 2 阶	第 3 阶	第 4 阶
频率				
质量				
刚度				
阻尼				

（2）电涡流传感器测量的 4 个振型如图 3 - 16 所示。将其各阶模态参数填于表 3 - 5 中。

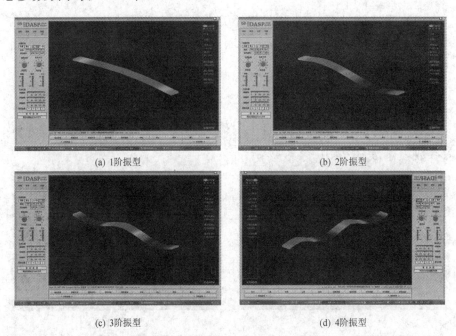

(a) 1阶振型　　　　　　　　　　　(b) 2阶振型

(c) 3阶振型　　　　　　　　　　　(d) 4阶振型

图 3 - 16　电涡流传感器测量的 4 个振型

表 3 - 5　电涡流传感器测量值

模态参数	第 1 阶	第 2 阶	第 3 阶	第 4 阶
频率				
质量				
刚度				
阻尼				

七、思考题

选取施振点时为什么要避免使施振点在模态振型的节点上？若选取到节点上会产生什么现象？

实验五　自由振动衰减法测定阻尼系数

一、实验目的

（1）深刻理解单自由度系统衰减振动的基本规律。

（2）掌握应用计算机软件跟踪和记录单自由度系统自由衰减振动波形。

（3）根据衰减振动波形图确定系统的固有频率和阻尼比及振幅减缩率。

二、基本原理

质量为 m、黏性阻尼系数为 c、弹性系数为 k 的单自由度系统自由衰减振动时，其运动微分方程为

$$m\ddot{x} + c\dot{x} + kx = 0$$

可改写为

$$\ddot{x} + 2n\dot{x} + \omega_n^2 x = 0 \qquad (3-23)$$

式中：ω_n——系统固有频率；

且

$$\omega_n = \sqrt{\frac{k}{m}} \qquad (3-24)$$

$$n = \frac{c}{2m} \qquad (3-25)$$

$$\zeta = \frac{n}{\omega_n} = \frac{c}{2\sqrt{mk}}$$

式中：ζ——阻尼比

小阻尼（$\zeta < 1$）时，微分方程式（3-23）的解可写为

$$x = Ae^{-nt}\sin(\omega_s t + \theta) \tag{3-26}$$

式中：A、θ——由初始条件确定的积分常数；

　　　ω_s——自由衰减振动的圆频率，有

$$\omega_s = \sqrt{\omega_n^2 - n^2} = \omega_n\sqrt{1 - \zeta^2} \tag{3-27}$$

设初始时刻 $T = 0$ 时，初始位移 $x = x_0$，初始速度为 v_0，则

$$A = \sqrt{x_0^2 + \frac{(v_0 + nx_0)^2}{\omega_s^2}} \tag{3-28}$$

$$\theta = \arctan\frac{x_0\omega_s}{(v_0 + nx_0)^2} \tag{3-29}$$

Ae^{-nt} 称为自由衰减振动的振幅。式(3-26)所表示的振动的振幅随时间不断衰减，其图形如图 3-17(b)所示。由其图形变化特点知，这种振动不符合周期振动的定义，所以不是周期振动。但振动仍然是围绕平衡位置的往复运动，仍具有振动的特点。

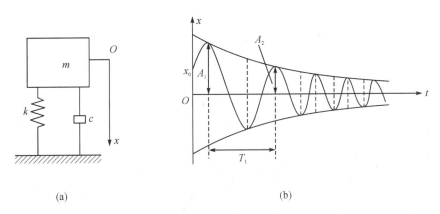

(a)　　　　　　　　　　　　　　　(b)

图 3-17　单自由度系统自由衰减振动力学模型和衰减振动曲线

（1）振动周期 T_d 大于无阻尼自由振动周期 T。

$$T_d = \frac{2\pi}{\omega_s} = \frac{2\pi}{\sqrt{\omega_n^2 - n^2}} = \frac{2\pi}{\omega_n\sqrt{1 - \zeta^2}} = \frac{T}{\sqrt{1 - \zeta^2}} \tag{3-30}$$

式中：T——不计阻尼时自由振动周期，且 $T = 2\pi/\omega_n$。

（2）振幅按几何级数衰减。

任意两个相邻振幅之比，称为振幅减缩率：

$$\eta = \frac{A_i}{A_{i+1}} = \frac{A\mathrm{e}^{-nt_i}}{A\mathrm{e}^{-n(t_i+T_\mathrm{d})}} = \mathrm{e}^{nT_\mathrm{d}} \tag{3-31}$$

对上式取对数，得对数减缩率：

$$\delta = \ln\frac{A_i}{A_{i+1}} = nT_\mathrm{d} \tag{3-32}$$

根据实验所得的衰减振动曲线，如图 3-17(b) 所示，测得相邻的两个位移最大值及周期 T_d，由式（3-31）可求得振幅减缩率。若阻尼较小，或系统的固有频率较大，则相邻两位移最大值相差不大。为了减小测量误差，一般取同侧相隔 j 个周期的两个振幅值之比值来计算 η 或 δ，这时

$$\frac{A_i}{A_{i+j}} = \mathrm{e}^{jnT_\mathrm{d}}$$

所以

$$\delta = j\ln\frac{A_i}{A_{i+j}} \tag{3-33}$$

$$\eta = \sqrt{\frac{A_i}{A_{i+j}}} \tag{3-34}$$

因而得

$$n = \frac{1}{jT_\mathrm{d}}\ln\frac{A_i}{A_{i+j}} \tag{3-35}$$

$$c = \frac{2n}{m} = \frac{1}{jmT_\mathrm{d}}\ln\frac{A_i}{A_{i+j}} \tag{3-36}$$

$$\zeta = \frac{1}{j\omega_nT_\mathrm{d}}\ln\frac{A_i}{A_{i+j}} \tag{3-37}$$

由于阻尼做负功，系统的能量不断消耗，因此振幅迅速衰减。当系统运动至 A_i 与 A_{i+1} 极端位置时，其动能为零，于是其机械能就是

势能，分别为

$$E_i = \frac{1}{2}kA_i^2, \; E_{i+1} = \frac{1}{2}kA_{i+1}^2$$

每振动一次机械能之比为

$$\frac{E_i}{E_{i+1}} = \mathrm{e}^{2\delta} \qquad\qquad (3-38)$$

每振动一次机械能的损失与原有机械能之比，即能耗率可表示为

$$\psi = \frac{\Delta E_i}{E_i} = 1 - \frac{E_{i+1}}{E_i} \qquad\qquad (3-39)$$

将式(3-38)代入式(3-39)，得

$$\psi = 1 - \mathrm{e}^{2\delta}$$

展开为泰勒级数，得

$$\psi = 2\delta - \frac{4\delta^2}{2} + \frac{8\delta^3}{2\times 3}$$

当 δ 为微小值时，则上式可近似为

$$\psi = \frac{\Delta E_i}{E_i} \approx 2\delta \qquad\qquad (3-40)$$

故每振动一次，损失的机械能与原有机械能的比值为常量，且近似等于对数减缩率的两倍。因而，对数减缩率不但反映振幅衰减的快慢程度，也反映了振动系统机械能消耗的快慢程度，是反映阻尼特性的一个参数。

三、仪器设备

(1) CWY-D0-502 电涡流位移传感器一只。

(2) YE6251Y4 位移测量仪一台。

(3) 1.3 kg 质量块一个。

(4) 计算机及测试软件一套。

(5) 单自由度系统实验台一套。

四、实验方法和步骤

(1) 将系统安装成单自由度无阻尼系统,仪器及设备安装框图如图 3 - 18 所示,在质量块的侧面安装一个"测量平面"。

(2) 将电涡流传感器对准该平面,对初始位置进行调零。

(3) 打开计算机软件,选择单自由度系统中第一项"用自由衰减法测量系统参数",打开一个时间波形观察视图。

(4) 用手轻推质量块,采集一段信号,记录并计算振动频率、周期、固有频率、衰减系数、相对阻尼系数等参数。

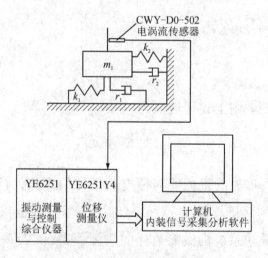

图 3 - 18　单自由度系统自由衰减振动实验仪器安装框图

五、注意事项

(1) 单自由度质量块的质量 m 约为 1.3 kg。

(2) 计算周期时,可以多算几个周期然后取平均值。

(3) 让质量块自由衰减时所给的力应对准质量块的中心位置,否则波形可能畸变。

六、数据处理

（1）打印衰减振动波形图。

（2）根据衰减振动波形图计算系统固有频率、阻尼比、对数减缩率和能耗率。

（3）将计算结果整理后填入表 3-6 中。

表 3-6　分析计算数据表

j	t_i	t_j	A_i	A_{i+j}	周期 T_d	阻尼比 ζ	固有频率 ω_n	对数减缩率 δ

七、思考题

手敲击轻重对系统衰减规律是否会产生影响？为什么？

实验六　固有频率和阻尼系数测试实验

一、实验目的

（1）掌握结构的幅频特性曲线的绘制方法。

（2）通过绘制幅频特性曲线，了解结构在强迫振动时振幅随激振力频率变化的规律。

（3）观察结构的共振现象，采用共振法测定建筑房屋模型结构的前 4 阶固有频率。

（4）利用绘制的建筑房屋模型结构的幅频特性曲线，采用半功率点法确定它的前 4 阶阻尼比和衰减系数。

（5）了解动力学实验系统的构成。

二、基本原理

在黏性阻尼理论中，单自由度正弦激励下振动系统的运动微分方程：

$$m\ddot{x} + c\dot{x} + kx = F_0 \sin\omega t \qquad (3-41)$$

式中 c 为黏性阻尼系数。当振动系统存在非线性的阻尼时，可用等效的阻尼系数近似计算。

定义衰减系数为

$$n = \frac{c}{2m} \qquad (3-42)$$

阻尼比为

$$\xi = \frac{c}{2m\omega_n} = \frac{n}{\omega_n} \qquad (3-43)$$

其稳态振动位移、速度、加速度响应分别为

$$x = B\sin(\omega t - \varphi) \tag{3-44}$$

$$\dot{x} = B\omega\sin\left[\omega t - \varphi + \frac{\pi}{2}\right] \tag{3-45}$$

$$\ddot{x} = B\omega^2\sin(\omega t - \varphi + \pi) \tag{3-46}$$

其中，有

$$B = \frac{F_0/k}{\sqrt{(1-\lambda^2)^2 + (2\xi\lambda)^2}}, \quad \varphi = \arctan\frac{2\xi\lambda}{1-\lambda^2}, \quad \lambda = \frac{\omega}{\omega_n}$$

式中，$\lambda = \dfrac{\omega}{\omega_n}$称为频率比。

根据位移幅值、速度幅值和加速度幅值的极值条件得知：系统的位移共振频率无阻尼时为 $\omega = \omega_n = \sqrt{\dfrac{k}{m}}$，有阻尼时为 $\omega = \omega_n\sqrt{1-2\xi^2}$；系统的速度共振频率无阻尼时为 $\omega = \omega_n = \sqrt{\dfrac{k}{m}}$，有阻尼时亦为 $\omega = \omega_n = \sqrt{\dfrac{k}{m}}$；系统的加速度共振频率无阻尼时为 $\omega = \omega_n = \sqrt{\dfrac{k}{m}}$，有阻尼时为 $\omega = \omega_n\sqrt{1+2\xi^2}$。

显然，要考虑到阻尼影响时，速度共振频率才是系统的真正的固有频率。为此，通常用共振法测试系统固有频率时，采用速度共振法。当系统阻尼 $\xi \ll 1$ 时，即使是有阻尼系统，系统的位移共振频率和加速度共振频率近似认为 $\omega = \omega_n = \sqrt{\dfrac{k}{m}}$，因此，用共振法测试系统固有频率时，也可以采用位移共振法和加速度共振法。

测试阻尼的方法有很多，有自由振动衰减法、频率响应法（峰值法）、速度共振法、半功率点法、模态圆法、自相关衰减法和随机减量技术法等，这里介绍我们在实验中要使用的半功率点法。

半功率点法是根据系统的幅频特性曲线来测定振动系统的阻尼比

ξ 的，它的方法和原理如下所述。

设振动系统位移的动力响应放大因子 β 为

$$\beta = \frac{B}{F_0/k} = \frac{B}{B_0} \tag{3-47}$$

式中，B_0 是激振力频率为 0 时系统的静位移，即 $B_0 = \frac{F_0}{k}$。位移动力

响应放大因子 β 与激振力的频率之间的关系为

$$\beta\left(\frac{\omega}{\omega_n}\right) = \frac{1}{\sqrt{\left\{1 - \left(\frac{\omega}{\omega_n}\right)^2\right\}^2 + 4\xi^2\left(\frac{\omega}{\omega_n}\right)^2}} \tag{3-48}$$

β 与 $\dfrac{\omega}{\omega_n}$ 的关系曲线图如图 3-19 所示。

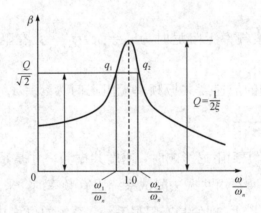

图 3-19　位移放大因子曲线

图 3-19 中，$\omega = \omega_n$，$\beta(1) = Q = \dfrac{1}{2\xi}$；$\omega = \omega_n\sqrt{1-2\xi^2}$，$\beta_{\max} =$

$\dfrac{1}{2\xi\sqrt{1-2\xi^2}}$。在图 3-19 中，频率比为 1 的虚线两侧，曲线可近似认为

是对称的，在两侧取 β 为 $\dfrac{\beta(1)}{\sqrt{2}} = \dfrac{Q}{\sqrt{2}} = \dfrac{0.707}{2\xi}$ 的两个点 q_1 和 q_2，这两个

点称为半功率点，在图中，它们对应的横坐标分别为 $\dfrac{\omega_1}{\omega_n}$ 和 $\dfrac{\omega_2}{\omega_n}$，相应的

激振力的频率分别是 ω_1 和 ω_2，则有

$$\frac{\omega_2}{\omega_n} - \frac{\omega_1}{\omega_n} = \frac{\omega_2 - \omega_1}{\omega_n} = \frac{\Delta\omega}{\omega_n} \qquad (3-49)$$

式中，$\Delta\omega = \omega_2 - \omega_1$ 称为系统的带宽。由

$$\beta\left[\frac{\omega}{\omega_n}\right] = \frac{1}{\sqrt{\left[1 - \left[\frac{\omega}{\omega_n}\right]^2\right]^2 + 4\xi^2\left[\frac{\omega}{\omega_n}\right]^2}} = \frac{\beta(1)}{\sqrt{2}} = \frac{0.707}{2\xi} \quad (3-50)$$

求解这个方程，得

$$\left[\frac{\omega}{\omega_n}\right]^2 = (1 - 2\xi^2) \pm 2\xi\sqrt{1 + \xi^2} \qquad (3-51)$$

当 $\xi \ll 1$ 时，$\xi^2 \to 0$，有

$$\left[\frac{\omega}{\omega_n}\right]^2 = 1 \pm 2\xi \qquad (3-52)$$

即

$$\left[\frac{\omega_1}{\omega_n}\right]^2 = 1 - 2\xi, \quad \left[\frac{\omega_2}{\omega_n}\right]^2 = 1 + 2\xi \qquad (3-53)$$

当 $\xi \ll 1$ 时，$\omega_1 + \omega_2 \approx 2\omega_n$，则

$$\left[\frac{\omega_2}{\omega_n}\right]^2 - \left[\frac{\omega_1}{\omega_n}\right]^2 = \frac{\omega_2^2 - \omega_1^2}{\omega_n^2} = \frac{(\omega_2 - \omega_1)(\omega_2 + \omega_1)}{\omega_n^2} = \frac{2\Delta\omega}{\omega_n} = 4\xi$$

$$(3-54)$$

$$\xi = \frac{\Delta\omega}{2\omega_n} \qquad (3-55)$$

由于

$$n = \xi\omega_n \qquad (3-56)$$

因此

$$n = \frac{\Delta\omega}{2} \tag{3-57}$$

半功率点法要求图中所作的水平线与曲线要有两个交点 q_1 和 q_2，即

$$\frac{1}{\sqrt{2}} \times \frac{1}{2\xi\sqrt{1-\xi^2}} \geqslant 1 \tag{3-58}$$

整理上式，有

$$8\xi^4 - 8\xi^2 + 1 \geqslant 0 \tag{3-59}$$

求解上式，取

$$\xi^2 \leqslant \frac{1}{4} \times (2 - \sqrt{2}) \tag{3-60}$$

即　　　　　　　　　　　$\xi \leqslant 0.3826$

因此，上边求解 ξ 的计算公式，只有当 $\xi \leqslant 0.3826$ 时才能够使用。

在实际工程中，通过实验，得到系统的位移响应幅频曲线，采用位移共振法测到系统的固有频率 ω_n，然后按照上述半功率点法，计算系统的阻尼比 ξ 和衰减系数 n。

同理可以证明，当阻尼比 $\xi \ll 1$ 时，用速度响应幅频特性曲线和加速度响应幅频特性曲线，按照半功率点法，同样可以得到系统的阻尼比 ξ 和衰减系数 n。然而，用位移响应、速度响应和加速度响应的幅频特性曲线，得到的系统的阻尼比 ξ 的区别是：基于速度响应的幅频特性曲线，计算得到的系统的阻尼比 ξ，无论阻尼比 ξ 多大，从理论上讲，$\xi = \frac{\Delta\omega}{2\omega_n}$ 总是精确的；用位移响应和加速度响应的幅频特性曲线计算的阻尼比 ξ 都比实际值略大。

对于多自由度系统，相邻的两个固有频率距离较远，且各阶阻尼较小时，也可用上述所讲的方法来测定各阶的阻尼比和衰减系数，但是，$\Delta\omega$ 的精度难以提高，对多自由度系统，半功率点法测阻尼需要

改进。

　　对于建筑房屋模型结构，由于各层楼板的刚度远远大于层间柱子的刚度，因此我们把各层楼板看成刚体，层间柱子只考虑它的弹性，这样建筑房屋模型可以看成是 4 个自由度的多自由度振动系统。

　　通过实验绘制出建筑房屋模型结构的第二层的位移响应幅频特性曲线，采用位移共振法，读出该结构的前 4 阶固有频率，用半功率点法，测定该结构的前 4 阶阻尼系数。

三、仪器设备

　　(1) 扫频信号发生器、功率放大器、电涡流式激振器。

　　(2) 位移测量仪、位移传感器[最大测量位移：4 mm(静态)、2 mm(动态)]。

四、实验方法和步骤

　　(1) 按照图 3 - 20 所示，将各仪器进行连线。

　　(2) 调整电涡流式激振器和位移传感器的位置，按照图 3 - 20 和

图 3 - 20　建筑房屋模型结构实验装置及仪器实物图

图 3 - 21 所示，把它们都放置在建筑房屋模型结构的第二层。

（3）调整位移传感器和建筑房屋模型结构之间的距离，距离为 2 mm。

（4）对建筑房屋模型结构施加交变正弦激振力，使系统产生振动。

（5）将激振频率由低到高逐步增加，同时记录测点的位移数值。

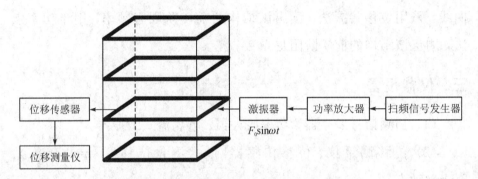

图 3 - 21　建筑房屋模型结构实验装置及仪器框图

五、注意事项

（1）在对建筑房屋模型结构进行激振的过程中，要保证该结构测点的位移幅值要小于 2 mm。

（2）激振频率由低到高逐步增加的过程中，记录测点的位移要始终保持一致，我们这里取峰值。

（3）激振频率由低到高逐步增加时，增加的步长由测点的位移变化情况决定，测点位移变化小时，频率增加的步长可以大点，测点的位移变化大时，频率增加的步长要取小一些。

六、数据处理

1. 数据记录

将实验数据填于表 3 - 7 中。

表 3 - 7　实验数据记录表

频率/Hz	…	5	6	7	7.1	7.2	…	8	…
位移/mm	…						…		…

2. 数据处理

（1）利用实验记录的数据绘制测点的位移响应的幅频特性曲线。

（2）由绘出的位移响应的幅频特性曲线、位移峰值的位置，读出建筑房屋模型结构的前 4 阶固有频率。

（3）利用半功率点法，由位移响应的幅频特性曲线，计算出各阶的阻尼比和衰减系数。

七、思考题

由测量得到位移响应的幅频特性曲线，共振法得到系统的各阶固有频率是实际值吗？

实验七　建筑房屋模型结构的前 4 阶主振型测试

一、实验目的

(1) 用共振法观察和测量建筑房屋模型结构的前 4 阶主振型。

(2) 通过实验数据绘制主振型图，加深对振型概念的理解。

(3) 掌握激振器和位移测量仪的使用方法。

二、基本原理

多自由度系统无阻尼自由振动的运动微分方程为

$$M\{\ddot{x}\} + K\{x\} = \{0\} \tag{3-61}$$

由微分方程的原理，假设方程解的形式为

$$\{x\} = \{X\}\sin(\omega t + \alpha) \tag{3-62}$$

式中：$\{\cdot\}$ 表示向量；$\{X\}$ 为振幅向量；ω 为固有频率；α 为初相位。将式(3-62)代入振动的运动微分方程可得

$$(K - \omega^2 M)\{X\} = 0 \tag{3-63}$$

要使式(3-63)有非零解，必须使其系数行列式为零，即

$$|K - \omega^2 M| = 0 \tag{3-64}$$

由此可求出 n 个特征根 ω^2，即 n 个固有频率。

将每个特征根 ω_i（固有频率）代入广义特征值问题，即式(3-63)，有

$$(K - \omega_i^2 M)\{X^{(i)}\} = \{0\} \tag{3-65}$$

由式(3-65)可得到相应的非零向量 $\{X^{(i)}\}$，称为特征矢量，或称固有振型。固有振型给出的是各自由度上振幅的比例关系，各阶振型均有一个未确定的常数比例因子，通常假设振型的某个元素为 1，则其他

元素就可以表示为此元素的倍数，这个过程就是振型的基准化，通常假设振型的第一个元素为 1，那么这样将得到结构的主振型。

根据工程振动理论可知，当系统以某阶固有频率振动时，结构上各自由度在同一时刻振动位移的比例关系保持不变，结构在振动过程中呈现出一种固定不变的形状，就是结构的该阶主振型。

对于建筑房屋模型结构，由于各层楼板的刚度远远大于层间柱子的刚度，因此我们把各层楼板看成刚体，层间柱子只考虑它的弹性，这样建筑房屋模型结构可以看成是 4 个自由度的多自由度振动系统。利用这样的简化模型，该结构有 4 个固有频率和 4 个主振型。

本实验采用共振法确定建筑房屋模型结构的各阶主振型。

采用正弦信号对建筑房屋模型结构进行激振，当正弦激振力的频率和该结构的固有频率相等时，该结构产生共振，该结构的振动形态就是该阶主振型，这时其他各阶振型的影响很小，可以忽略不计。

在正弦激振力的频率由小到大变化过程中，建筑房屋模型结构会出现 4 次共振，从小到大的 4 个共振频率是 4 个固有频率，相应的结构会出现 4 种振动形态，最低 1 阶的固有频率称为第 1 阶固有频率，相应的振型称为第 1 阶主振型，依次类推，和第 2、3、4 阶固有频率对应的振型分别称为第 2、3、4 阶主振型。

三、仪器设备

（1）扫频信号发生器、功率放大器、电涡流式激振器。

（2）位移测量仪、位移传感器[最大测量位移：4 mm（静态）、2 mm（动态）]。

四、实验方法和步骤

（1）按照图 3-22 所示，将各仪器进行连线。

（2）调整电涡流式激振器和位移传感器的位置，按照图 3 - 22 所示，把它们都放置在建筑房屋模型结构的第二层。

（3）调整位移传感器和建筑房屋模型结构之间的距离，距离为 2 mm。

（4）对建筑房屋模型结构施加正弦激振力，激振频率由低到高逐步增加调整到结构的前 4 阶固有频率的数值处（固有频率在本章实验六中已测定），同时记录各阶共振时测点的位移数值。

（5）位移传感器移到第三层的位置，重复步骤（3）～（4）。

（6）位移传感器移到第四层的位置，重复步骤（3）～（4）。

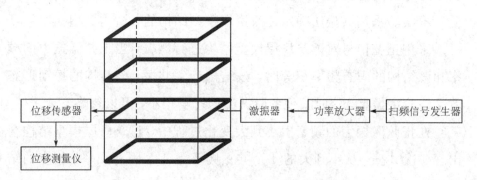

图 3 - 22　建筑房屋模型结构实验装置及仪器框图

五、注意事项

（1）在对建筑房屋模型结构进行激振的过程中，要保证该结构测点的位移幅值要小于 2 mm；

（2）每次移动位移传感器的位置，都要调整位移传感器和建筑房屋模型结构之间的距离，距离为 2 mm。

（3）在测量每阶振型在不同楼层的位移数值时，功率放大器采用相同的数值，并且保证位移测量仪上的数据一直小于 2 mm。否则，重新调整功率放大器的数据，对所有的测点重新测量。

六、数据处理

(1) 记录各阶共振时建筑房屋模型结构第二、三、四层的位移幅值，并将数据填于表 3 - 8 中。

表 3 - 8　各阶测量值

振型阶数	第 1 阶	第 2 阶	第 3 阶	第 4 阶
二层位移/mm				
三层位移/mm				
四层位移/mm				

(2) 利用记录的数据绘制出前 4 阶主振型图。

七、思考题

(1) 建筑房屋模型结构的实际主振型只有 1、2、3、4 阶吗？

(2) 采用有限元方法计算出的振型图和绘制的振型图一致吗？为什么？

实验八　建筑房屋模型结构的动态应变实验

一、实验目的

（1）掌握结构体系的动态应变测量方法。

（2）了解测量动态应变所使用的的测试系统。

（3）了解建筑房屋模型结构各阶共振时的动态应变的分布规律，并将其和静态应变的分布规律进行比较。

二、基本原理

结构在动载荷作用下，结构中各点的应变是随时间变化的，这种应变称为动态应变。结构在静载荷作用下，结构内各点的应变不随时间变化，称为静态应变。

动态应变和静态应变的测量基本原理相同。在工程中，测量应变我们通常采用电阻应变测量技术，它是根据应变片可将试件的应变转换为应变片的电阻变化的工作原理，利用电桥输出相应应变片微小电阻变化的电信号——输出电压，从而确定试件在一定载荷下的应变。金属丝电阻应变片的构造和工作原理可参见附录 A 中电阻应变片的构造及工作原理。

在本次实验中，在所需测点贴上应变片，接成半桥电路，具体的半桥电路接法参见附录 A 的测量电路。这样，当试件产生应变时，应变的大小就会体现在应变片的电阻改变量上，后者又体现在半桥电路的输出电压上，于是，测量电桥的输出电压经过换算就可以得到应变的大小。电阻应变仪把应变片的电阻的变化转换成电信号并且放大，然后显示出静态应变值或输出动态应变曲线给记录设备，再或者显示出动态应变的峰值、有效值。

三、仪器设备

(1) 力测量仪、力传感器。

(2) 扫频信号发生器、功率放大器、电涡流式激振器。

(3) 静动态电阻应变仪。

四、实验方法和步骤

(1) 按照图 3-23 所示连接设备,在第四层对建筑房屋模型结构施加 60 N 的静载荷,从应变仪上读出并记录测点处的静态应变。

(2) 在建筑房屋模型结构的第二层,对建筑房屋模型结构施加正弦激振力,使系统产生正弦振动。

(3) 将激振频率由低到高逐步增加调整到该结构的前 4 阶固有频率的数值处(固有频率在本章实验六中已测定),同时通过应变仪读出并记录下测点的动态应变的有效值。

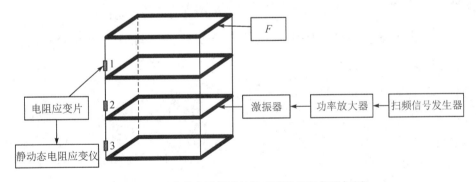

图 3-23 建筑房屋模型结构实验装置及仪器框图

五、注意事项

(1) 测量静态应变的时候,注意检波方式采用直流检波(DC 档)。测量电路采用半桥电路,加载之前注意要调整电桥平衡(BALANCE)。

（2）测量动态应变的时候，注意检波方式采用交流检波（RMS档），液晶显示屏给出的是有效值。测量电路采用半桥电路，加载之前注意要调整电桥平衡（BALANCE）。功率放大器使用恰当的数值，能够看出应变的分布规律，注意测量过程中其数值保持不变。

六、数据处理

将测试结果填入表 3-9 中。

表 3-9　静态应变、动态应变记录表

测点编号		1	2	3
静态应变/$\mu\varepsilon$				
动态应变/$\mu\varepsilon$	1 阶共振			
	2 阶共振			
	3 阶共振			
	4 阶共振			

七、思考题

建筑房屋模型结构中测点的静态应变和各阶动态应变的分布规律是否相同？为什么？

附　　录

附录 A　电测法基本原理简介

电阻应变测量技术是用电阻应变片测量构件的表面应变，再根据应力-应变的关系式，确定构件表面应力状态的一种实验应力分析方法。电测法不仅用于验证材料力学的理论知识、测量材料的机械性能，还可作为一种重要的实验手段来解决实际工程中的问题，并从事研究工作。

电测法就是将物理量、力学量、机械量、生物参数等非电量通过电感元件转换成电量来进行测量的一种实验方法，其原理框图如图A－1所示。

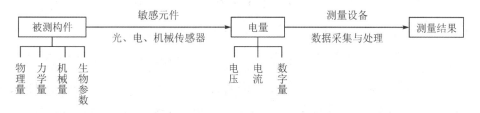

图 A－1　电测法原理框图

电测法之所以得到广泛应用，是因为它具有如下诸方面的优点：

（1）灵敏度高，测量范围广。如应变测量范围为 $\pm 1 \sim \pm 10^4$ 微应变，力或重力的测量范围为 $10^{-2} \sim 10^5$ N 等。

（2）能进行静、动态测量，频响范围为 $-50 \sim +50$ kHz。

（3）轻便灵活，可在现场及野外等恶劣环境下进行测试。

（4）能在高温、低温及高液压等特殊条件下测量。

（5）便于与计算机连接进行数据采集处理。可广泛应用于生产管理的自动化及其控制。

正因为电测法具有上述优点，因而在各个领域被广泛应用，如：

（1）应用于工业生产的现场实测与控制。

（2）应用于生产新产品前的模型设计实验。

（3）应用于高技术、现代科学领域。如工业机器人、原子能反应堆、航空等诸方面的参数测试。

（4）应用于运动力学测试。如运动测力平台，足底压力分布测试。

（5）应用于生物医学及康复事业。

（6）应用于制造各种传感器，如力、位移、压力传感器等。

应力测量方法很多，除电测法外，还有光弹性力学法、脆性涂层法等。各种方法都有其特点和适用范围，但以电测法应用最为广泛。

一、电阻应变片的构造及工作原理

金属丝的电阻值随机械变形而发生变化的现象称为应变-电效应。电阻式敏感元件称作电阻应变片（简称应变片或电阻片）。

丝绕式应变片是用直径为 0.003～0.01 mm 的合金丝绕成栅状而制成的（见图 A-2）；箔式应变片则是用 0.003～0.01 mm 厚的箔材经化学腐蚀成栅状而制成的（见图 A-3）。主体敏感栅是一个电阻，在感受被测物体的应变时，其电阻也同时发生变化。实验表明被测物体测量部位的应变片长度变化率 $\Delta L/L$ 与电阻变化率 $\Delta R/R$ 成正比关系，即

$$\frac{\Delta R}{R} = K_s \frac{\Delta L}{L} \qquad\qquad (A-1)$$

式中，K_s 称为金属丝的电阻应变灵敏系数。

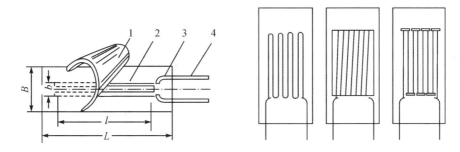

1—覆盖层；2—敏感栅；3—基底；4—引线

图 A-2　金属丝电阻片纸基丝绕式电阻应变片构造图

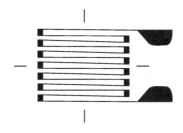

图 A-3　箔式应变片

式（A-1）也可由物理学基本公式导出。电阻值 R 与电阻丝长度 L 及截面积 A 的关系为

$$R = \rho \frac{L}{A} \tag{A-2}$$

式（A-2）等号两边取对数再微分得

$$\frac{\Delta R}{R} = \frac{\Delta L}{L} - \frac{\Delta A}{A} + \frac{\Delta \rho}{\rho} \tag{A-3}$$

根据金属物理和材料力学理论得知 $\Delta A / A$、$\Delta \rho / \rho$ 也与 $\Delta L / L$ 呈线性关系，由此得到

$$\frac{\Delta R}{R} = \left[(1 + 2\mu) + m(1 - 2\mu) \right] \frac{\Delta L}{L} = \frac{K_s \Delta L}{L}$$

$$\tag{A-4}$$

式中：μ——金属丝材料的泊桑系数；

m——常数，与材料的种类有关。

式(A-4)说明粘贴在构件上的电阻片，其电阻变化率 $\Delta R/R$ 与其感受的应变长度变化率 $\Delta L/L$ 成正比，比例系数为 K_s。由于电阻片的敏感栅并不是一根直丝，所以比例系数一般在标准应变梁上由抽样标定测得，标定梁为纯弯梁或等强度钢梁。对电阻片来说，式(A-4)可写成

$$\frac{\Delta R}{R} = K_s \varepsilon$$

二、电阻片的温度效应

温度变化时，金属丝的电阻值也随着产生变化，记为 $(\Delta R/R)_T$。该电阻变化是由两部分引起的，一部分是由电阻丝的电阻温度系数引起的，即有

$$\left[\frac{\Delta R}{R}\right]'_T = a_T \Delta T$$

另一部分是由金属丝与构件的材料膨胀系数不同而引起的，即有

$$\left[\frac{\Delta R}{R}\right]''_T = K_s(\beta_2 - \beta_1)\Delta T$$

因而温度引起的电阻变化为

$$\left[\frac{\Delta R}{R}\right]_T = [a_T + K_s(\beta_2 - \beta_1)]\Delta T \qquad (A-5)$$

式中：a_T——金属丝(箔)材料的电阻温度系数；

β_1——金属丝(箔)材料的热膨胀系数；

β_2——构件的材料热膨胀系数。

要想准确地测量构件的应变，就要消除温度对电阻变化的影响，一种方法是使电阻应变片的系数 $[a_T + K_s(\beta_2 - \beta_1)]$ 等于零，这种电

阻应变片称为温度自补偿电阻片(简称温度补偿片或补偿片);另一种方法是利用测量电路——电桥的特性来消除,这将在下面仔细阐述。

三、电阻片的粘贴方法

粘贴电阻片是应变电测法的一个重要环节,它直接影响测量的精度。粘贴时,首先必须保证被测构件表面清洁平整、无油污、无锈点,其次要保证粘贴位置准确,再次要选用专用的黏合剂。粘贴的步骤如下:

(1)打磨。测量部位的表面,经打磨后应平整光滑,无锈点。打磨可使用砂轮或砂纸等。

(2)划线。测量点用钢针精确划好十字交叉线以便定位。

(3)清洗。用浸有丙酮的药棉清洗欲测部位表面,清除油污,保持清洁干净。

(4)粘贴。在电阻片背面均匀地涂上一层黏合剂,胶层厚度要适中。然后将电阻应变片对准十字交叉线粘贴在欲测部位。常用的黏合剂有 502 胶及其他常温或高温固化胶。再用同样的方法粘贴引线端子。

(5)焊线。将电阻片的两根引出线焊在引线端子上,再焊接两根引出导线。

四、测量电路——电桥的工作原理

测量电路的作用是将电阻片感受的电阻变化率 $\Delta R/R$ 变换成电压变化输出,再经放大电路放大。测量电路有许多种,最常用的是桥式电路。四个桥臂(简称臂)R_1、R_2、R_3、R_4 按顺序接在 A、B、C、D 之间,见图 A-4,电桥的对角点 AC 接电源 E,另一对角 BD 为电桥的输出端，其输出电压为 U_{DB}。

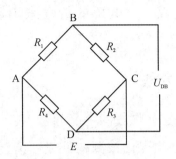

图 A - 4　桥式测量电路

可以证明输出电压为

$$U_{\text{DB}} = \left(\frac{R_1}{R_1 + R_2} - \frac{R_4}{R_3 + R_4} \right) E \qquad (\text{A} - 6)$$

若电桥的四个桥臂与四枚粘贴在构件上的电阻片连接，当构件变形时，其电阻值分别为 $R_1 + \Delta R_1$、$R_2 + \Delta R_2$、$R_3 + \Delta R_3$、$R_4 + \Delta R_4$，此时，电桥的输出电压即为

$$U_{\text{DB}} + \Delta U_{\text{DB}} = \left[\left(\frac{R_1 + \Delta R_1}{R_1 + R_2 + \Delta R_1 + \Delta R_2} \right) - \left(\frac{R_4 + \Delta R_4}{R_3 + R_4 + \Delta R_3 + \Delta R_4} \right) \right] E$$

$$(\text{A} - 7)$$

由式（A-7）和式（A-4）可以解出电桥输出电压的变化量 ΔU_{DB}。当 $\Delta R / R \ll 1$，ΔU_{DB} 可以简化为

$$\Delta U_{\text{DB}} = \frac{a}{(1+a)^2} \left(\frac{\Delta R_1}{R_1} - \frac{\Delta R_2}{R_2} \right) E - \frac{b}{(1+b)^2} \left(\frac{\Delta R_4}{R_4} - \frac{\Delta R_3}{R_3} \right) E$$

$$(\text{A} - 8)$$

式中，$a = \dfrac{R_2}{R_1}$，$b = \dfrac{R_3}{R_4}$。当 $R_1 = R_2 = R_3 = R_4$ 时，式（A-8）又可进一步简化成

$$\Delta U_{\text{DB}} = \frac{E}{4} \left(\frac{\Delta R_1}{R_1} - \frac{\Delta R_2}{R_2} + \frac{\Delta R_3}{R_3} - \frac{\Delta R_4}{R_4} \right) \qquad (\text{A} - 9)$$

式(A-9)表明，电桥输出电压的变化量 ΔU_{DB} 与两个桥臂的电阻变化率呈线性关系，需要注意的是该式成立的必要条件是：

(1) 小应变，即 $\dfrac{\Delta R}{R} \ll 1$。

(2) 等桥臂，即 $R_1 = R_2 = R_3 = R_4$。

当四枚电阻片的电阻应变灵敏系数 K_s 相等（都为 K）时，式(A-9)可以写成

$$\Delta U_{DB} = \frac{EK}{4}(\varepsilon_1 - \varepsilon_2 + \varepsilon_3 - \varepsilon_4) \qquad (A-10)$$

式中，ε_1、ε_2、ε_3、ε_4 分别代表电阻片 R_1、R_2、R_3、R_4 感受的应变值。上式表明，电压变化量 ΔU_{DB} 与四个桥臂电阻片对应的应变值 ε_1、ε_2、ε_3、ε_4 呈线性关系。应当注意，式中的 ε 是代数值，其符号由变形方向决定。通常拉应变为正，压应变为负。可以看出，相邻两臂的 ε（例如，ε_1、ε_2 或 ε_3、ε_4）符号一致时，根据式(A-10)可知，应变相互抵消，若符号相反，则两应变绝对值相加。两相对桥臂的 ε（例如 ε_1 和 ε_3）符号一致时，其应变绝对值相加，否则二者相互抵消。显然，不同符号的应变按照不同的顺序组桥，会产生不同的测量效果。因此，灵活地运用式(A-10)正确地布片和组桥，可提高测量的灵敏度并减小误差。上述这种特点称为电桥的加减特性。下面讨论几种常用的组桥方式。

1. 组桥方式

(1) 单臂测量。电桥中只有一个桥臂（常用 AB 臂，也称 1/4 桥）是参与机械变形的电阻片，其他三个桥臂的电阻片都不参与机械变形。这时，电桥的输出电压的变化量为

$$\Delta U_{DB} = \frac{E}{4} \frac{\Delta R_1}{R_1} = \frac{EK}{4}\varepsilon_1 \qquad (A-11)$$

（2）半桥测量。电桥中相邻两个桥臂（常用 AB、BC 桥臂）是参与机械变形的电阻片，其他两个桥臂是不参与机械变形的固定电阻。这时电桥的输出电压的变化量为

$$\Delta U_{\mathrm{DB}}=\frac{E}{4}\left[\frac{\Delta R_1}{R_1}-\frac{\Delta R_2}{R}\right]=\frac{EK}{4}(\varepsilon_1-\varepsilon_2)\qquad(A-12)$$

（3）对臂测量。电桥中相对的两个桥臂（常用 AB、CD 桥臂）是参与机械变形的电阻片，其他两个桥臂是固定电阻，这时电桥的输出电压的变化量为

$$\Delta U_{\mathrm{DB}}=\frac{E}{4}\left[\frac{\Delta R_1}{R_1}+\frac{\Delta R_3}{R_3}\right]=\frac{EK}{4}(\varepsilon_1+\varepsilon_3)\qquad(A-13)$$

（4）全桥测量。电桥中四个桥臂都是参与机械变形的电阻片。这时电桥输出电压的变化量与式（A-9）、式（A-10）相同。

另外，还有串联组桥方式，即两枚参与机械变形电阻片串联在同一桥臂中，其电阻的变化率为两枚电阻片电阻变化率的平均值。

2. 温度补偿片

前已述及电阻片的电阻随温度的变化而变化，利用电桥的加减特性，可通过温度补偿片来消除这一影响。所谓温度补偿是将电阻片贴在与构件材质相同但不参与变形的一块材料上，并使之与构件处于相同的温度条件下，将温度补偿片正确地连接在桥路中即可消除电阻随温度变化所产生的影响。

下面分别讨论各种组桥方式中温度补偿片的连接方法。通常参与机械变形的电阻片称为工作片，在电桥中用符号—■—来表示；温度补偿片用符号—□—来表示。另外仪器中还接有不随温度变化的标准电阻。

（1）单臂测量如图 A-5 所示。其中，BC 臂接温度补偿片，CD、DA 臂接仪器内的标准电阻。考虑温度引起的电阻变化，则

$$\Delta U_{DB} = \frac{E}{4}\left[\left|\frac{\Delta R}{R_1}\right| + \left|\frac{\Delta R_1}{R_1}\right|t - \left|\frac{\Delta R_2}{R_2}\right|t\right] \quad (A-14)$$

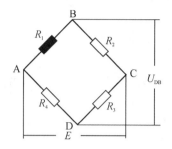

图 A-5　单臂测量温度补偿电路图

由于 R_1 和 R_2 温度条件完全相同，因此 $\left|\dfrac{\Delta R_1}{R_1}\right|t = \left|\dfrac{\Delta R_2}{R_2}\right|t$，所以

电桥的输出电压的变化量只与工作片引起的电阻变化有关，与温度
变化无关，即

$$\Delta U_{DB} = \frac{E}{4}\frac{\Delta R_1}{R_1} \quad (A-15)$$

（2）半桥测量如图 A-6 所示。其中，
AB、BC 臂接工作片，CD、DA 仍接仪器内
的标准电阻。两枚工作片处在相同的温度

条件下，$\left|\dfrac{\Delta R_1}{R_1}\right|t = \left|\dfrac{\Delta R_2}{R_2}\right|t$，则

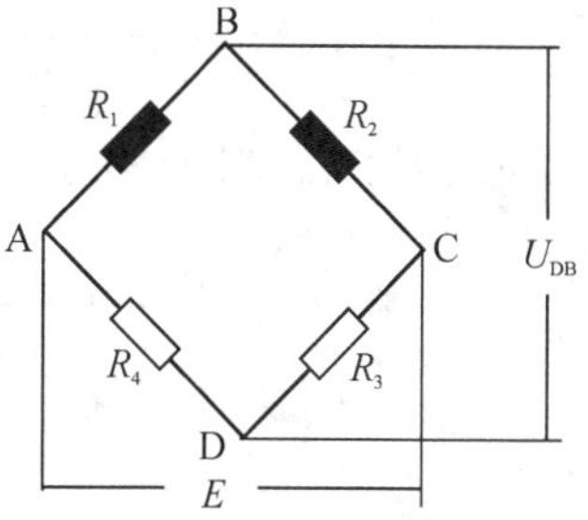

图 A-6　半桥测量

$$\Delta U_{DB} = \frac{E}{4}\left\{\left[\frac{\Delta R_1}{R_1} + \left|\frac{\Delta R_1}{R_1}\right|t\right] - \left[\frac{\Delta R_2}{R_2} + \left|\frac{\Delta R_2}{R_2}\right|t\right]\right\}$$

$$= \frac{E}{4}\left[\frac{\Delta R_1}{R_1} - \frac{\Delta R_2}{R_2}\right] \quad (A-16)$$

电桥的加减特性自动消除了温度的影响，无需另接温度补偿片。

（3）对臂测量如图 A-7(a)所示。一般 AB、CD 两个对臂接工作
片，另两个对臂 BC、DA 接温度补偿片。这时四个桥臂的电阻都处于相

同的温度条件下，相互抵消了温度的影响，得到的结果见式(A-13)。

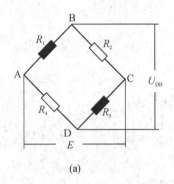 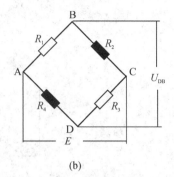

图 A-7　对臂测量

（4）全桥测量如图 A-8 所示。四个桥臂都是工作片，由于它们处在相同的温度条件下，相互抵消了温度的影响。其计算如式（A-9）或式（A-10）所示。

在串联测量时，见图 A-9，BC 臂需要将两个补偿片串联起来，才能消除温度的影响。

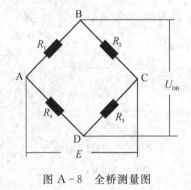 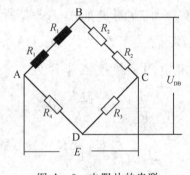

图 A-8　全桥测量图　　　　　　图 A-9　电阻片的串联

五、实测组桥方式举例

1. 悬臂梁弯曲应变的测量

为了测量悬臂梁某一指定截面的弯曲应变，可在该截面上（或

下）表面粘贴一枚电阻片，进行单臂测量，如图 A‑10 所示，即可测得其弯曲应变ε_M，则有

$$\Delta U_{DB} = \frac{EK}{4}\varepsilon_M \qquad (A-17)$$

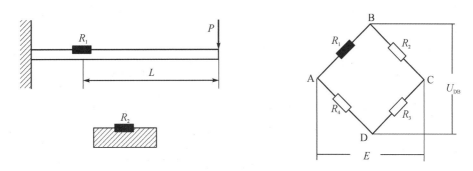

图 A‑10　悬臂梁弯曲应变的单臂测量

为提高测量灵敏度，也可在该截面上、下表面各粘贴一枚电阻片，接成半桥测量电路，如图 A‑11 所示，测量结果是该截面弯曲应变的两倍，即

$$\Delta U_{DB} = \frac{EK}{4} \cdot 2\varepsilon_M \qquad (A-18)$$

灵敏度提高了一倍。

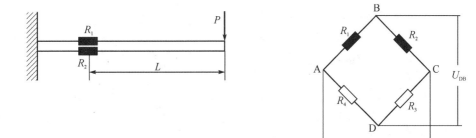

图 A‑11　悬臂梁弯曲应变的半桥测量

2. 偏心拉伸试件拉伸应变及偏心弯曲应变的测量

平板受偏心拉伸，假设作用力在厚度方向无偏心，见图 A‑12。

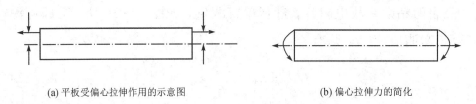

(a) 平板受偏心拉伸作用的示意图   (b) 偏心拉伸力的简化

图 A-12　平板受偏心拉伸

电阻片 R_1 如果粘贴在中性轴上，将不受弯曲应变的影响，$\varepsilon_1 = \varepsilon_P$，所以测出的结果是轴向力引起的应变 ε_P。若在试件的上、下表面各粘贴一枚电阻片 R_1、R_2，则采用不同的接桥方式即可分别测出与轴向力及偏心弯矩有关的应变值，如图 A-13 所示。

设 R_1 感受的应变为 ε_1，R_2 感受的应变为 ε_2。显然：

$$\begin{cases} \varepsilon_1 = \varepsilon_P + \varepsilon_M \\ \varepsilon_2 = \varepsilon_P - \varepsilon_M \end{cases} \tag{A-19}$$

式中：ε_P——轴向力引起的应变；

　　　ε_M——偏心弯矩引起的应变。

若 R_1、R_2 进行半桥测量，见图 A-13(b)，则测量结果只与弯曲

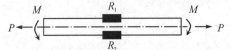

(a) 上、下表面各粘贴一枚电阻片

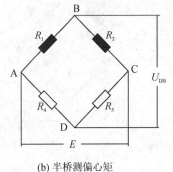

(b) 半桥测偏心矩

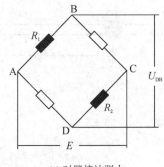

(c) 对臂接法测力

图 A-13　R_1、R_2 的半桥、对臂测量

应变 ε_M 有关。显然测量灵敏度提高了一倍，有

$$\Delta U_{DB} = \frac{EK}{4}(\varepsilon_P + \varepsilon_M - \varepsilon_P + \varepsilon_M) = \frac{EK}{4} \cdot 2\varepsilon_M \quad (A-20)$$

若 R_1、R_2 进行对臂测量，如图 A-13(c)所示，则测量结果只与轴向力引起的应变 ε_P 有关。

由此可见，不同的桥路接法，不但可以提高测量灵敏度，而且可以将不同性质的应变单独分离出来。所以熟练掌握各种组桥方式是电测法的重点内容。

3. 圆管扭转应变的测量

圆管在扭转作用下，见图 A-14(a)，任意一点都为纯剪应力状态，见图 A-14(b)，其主应力沿 45°或 135°的方向，现沿 45°方向粘贴一枚电阻片进行单臂测量，见图 A-14(d)，测得的应变记为 $\varepsilon_{45°}$。根据平面应力、应变分析得知

$$\varepsilon_{45°} = \frac{\tau}{E}(1+\mu) \quad (A-21)$$

由此可以得出剪应力：

$$\tau = -\frac{E}{(1+\mu)}\varepsilon_{45°} \quad (A-22)$$

扭矩为

$$M_K = -\frac{EW_P}{1+\mu}\varepsilon_{45°} \quad (A-23)$$

如果再在 135°方向粘贴另一枚电阻片，见图 A-14(e)，则有

$$\varepsilon_{135°} = \frac{\tau}{E}(1+\mu) \quad (A-24)$$

$$\Delta U_{DB} = \frac{EK}{4}(\varepsilon_{45°} - \varepsilon_{135°}) = -\frac{EK}{4} \cdot 2\frac{\tau}{E}(1+\mu) \quad (A-25)$$

上述结果是单臂测量的两倍。

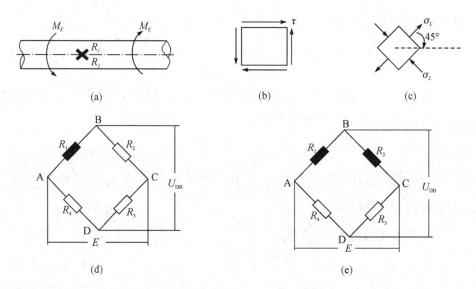

图 A-14　扭转测量

六、桥臂系数及电阻应变仪读数的修正公式

电阻应变仪是测量应变的专用仪器，其输出电压 ΔU_{DB} 是以应变值 $\varepsilon_{仪}$ 直接显示的。与电阻片的灵敏系数 K_s 相对应，电阻应变仪也有一个灵敏系数 $K_{仪}$。有些仪器的 $K_{仪}$ 是可调的，也有一些仪器的 $K_{仪}$ 是固定值。

当 $K_{仪} = K$ 时，

$$\varepsilon_{仪} = \varepsilon \qquad\qquad (A-26)$$

即电阻应变仪的读数 $\varepsilon_{仪}$ 不必修正。否则，需要按下式进行修正。

$$K_{仪} \cdot \varepsilon_{仪} = K \cdot \varepsilon \qquad\qquad (A-27)$$

前已述及，同一个被测量，组桥方式不同，其输出电压（或电阻应变仪读数）也不相同。因此，我们定义测量出的电阻变化率（应变）与待测的电阻变化率（或应变）之比为桥臂系数。测量出的电阻变化率（或应变）是四个桥臂电阻变化率（或应变）的代数和，即

$\sum\limits_{n=1}^{4}(-1)^{n+1}\Delta R_n/R_n$，而待测电阻变化率或应变为 $\Delta R/R$（或 ε）。

因此，桥臂系数 B 为

$$B=\frac{\sum\limits_{n=1}^{4}(-1)^{n+1}\Delta R_n/R_n}{\Delta R/R}\qquad(A-28)$$

用应变来表示为

$$B=\frac{\sum\limits_{n=1}^{4}(-1)^{n+1}\varepsilon_n}{\varepsilon}\qquad(A-29)$$

在以上三例中，单臂测量值就是待测值，此时桥臂系数 $B=1$；而半桥测量得到的测量值是待测值的两倍，此时桥臂系数 $B=2$；如果接成对臂测量时，结果输出为零，此时桥臂系数 $B=0$。所以，正确组桥是提高精度和灵敏度的关键。

七、应力测量方法

电阻应变仪直接测量的是其轴线方向的线应变值，根据应力-应变关系，即可计算出应力值。分以下几种情况来讨论。

1. 单向应力状态

构件在轴向拉伸（压缩）或梁在纯弯曲时，都是单向应力状态。此时，只需沿其应力方向粘贴一枚电阻片 R_1，见图 A-15，并测出其应变值 ε，再根据胡克定律即可计算出应力，$\sigma=E\cdot\varepsilon$。

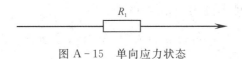

图 A-15　单向应力状态

2. 主应力(应变)方向已知的平面应力状态

如图 A-16 所示，沿已知的主应力方向粘贴两枚电阻片，测出 ε_1 和 ε_2 即可根据广义胡克定律计算出主应力值，计算公式如下：

$$
\begin{cases}
\sigma_1 = \dfrac{E}{1-\mu^2}(\varepsilon_1 + \mu\varepsilon_2) \\[3mm]
\sigma_2 = \dfrac{E}{1-\mu^2}(\varepsilon_2 + \mu\varepsilon_1)
\end{cases} \tag{A-30}
$$

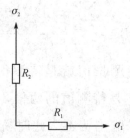

图 A-16   主应力方向已知的平面应力状态

3. 主应力(应变)方向未知的平面应力状态

为了测量主应力(应变)方向未知的平面应力状态的主应力及其方向，必须在三个不同方向粘贴三枚电阻片，通常称为电阻应变花。常用的应变花有两种，一种为 45°应变花，一种为 60°应变花。下面分别介绍主应力(应变)及其方向的计算公式。

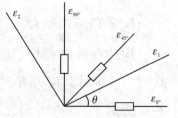

图 A-17   45°应变花

(a) 45°应变花。

如图 A-17 所示为 45°应变花，沿三枚电阻片的轴线测出三方向应变 $\varepsilon_{0°}$、$\varepsilon_{45°}$、$\varepsilon_{90°}$ 之后，即可按照下列公式计算主应力值及其方向，主应变为

$$
\varepsilon_{1,2} = \frac{\varepsilon_{0°}+\varepsilon_{90°}}{2} \pm \frac{\sqrt{2}}{2}\sqrt{(\varepsilon_{0°}-\varepsilon_{45°})^2+(\varepsilon_{45°}-\varepsilon_{90°})^2}
$$

主应力(应变)方向为

$$\theta = \frac{1}{2}\arctan\frac{2\varepsilon_{45°} - \varepsilon_{0°} - \varepsilon_{90°}}{\varepsilon_{0°} - \varepsilon_{90°}}$$

主应力值为

$$\sigma_{1,2} = \frac{E}{2}\left[\frac{\varepsilon_{0°} + \varepsilon_{90°}}{1-\mu} \pm \frac{\sqrt{2}}{1+\mu}\sqrt{(\varepsilon_{0°} - \varepsilon_{45°})^2 + (\varepsilon_{45°} - \varepsilon_{90°})^2}\right]$$

最大剪应力为

$$\tau_{\max} = \frac{\sqrt{2}E}{2(1+\mu)}\sqrt{(\varepsilon_{0°} - \varepsilon_{45°})^2 + (\varepsilon_{45°} - \varepsilon_{90°})^2} \quad (A-31)$$

（b）60°应变花。

如图 A-18 所示为 60°应变花，其计算公式如下：

$$\begin{cases}
\varepsilon_{1,2} = \frac{1}{3}(\varepsilon_{0°} + \varepsilon_{60°} + \varepsilon_{120°}) \pm \frac{\sqrt{2}}{3}\sqrt{(\varepsilon_{0°} - \varepsilon_{60°})^2 + (\varepsilon_{60°} - \varepsilon_{120°})^2 + (\varepsilon_{120°} - \varepsilon_{0°})^2} \\[2mm]
\theta = \frac{1}{2}\arctan\frac{\sqrt{3}(\varepsilon_{60°} - \varepsilon_{120°})}{2\varepsilon_{0°} - \varepsilon_{60°} - \varepsilon_{120°}} \\[2mm]
\sigma_{1,2} = \frac{E}{3}\left[\frac{\varepsilon_{0°} + \varepsilon_{60°} + \varepsilon_{120°}}{1-\mu} \pm \frac{\sqrt{2}}{1+\mu}\sqrt{(\varepsilon_{0°} - \varepsilon_{60°})^2 + (\varepsilon_{60°} - \varepsilon_{120°})^2 + (\varepsilon_{120°} - \varepsilon_{0°})^2}\right]
\end{cases}$$

$$(A-32)$$

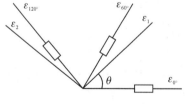

图 A-18　60°应变花

八、内力测量方法

电阻片所感受的应变被测出后，可以计算出应力，根据轴向力 P，弯矩 M_y，M_z 以及扭矩 M_K 与主应力及剪应力的关系即可求出相应的内力值。

附录B　微机控制电子万能试验机

一、构造原理

　　万能试验机有液压万能试验
机、电液伺服万能试验机、微机控
制电子万能试验机等类型，微机控
制电子万能试验机（简称电子万能
试验机）的外形和构造原理分别如

图 B-1 和图 B-2 所示，下面以　图 B-1　微机控制电子万能试验机外形图

CMT-3000 微机控制电子万能试

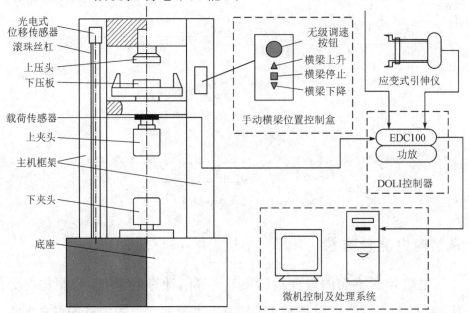

图 B-2　微机控制电子万能试验机构造原理图

1. 加载系统

加载部分由上横梁、两根丝杠、工作平台、活动横梁、伺服器、交流伺服电机、减速器、同步齿轮箱以及驱动控制单元组成。此系列电子万能试验机为双空间，即活动横梁的上下两个空间都可以进行拉向和压向的试验。试件装在活动横梁与工作平台或者活动横梁与上横梁之间，由驱动控制单元发出指令，伺服器接收到指令后向伺服交流电机发出转动信号，伺服交流电动机驱动同步齿轮箱从而带动丝杠转动，使活动横梁上下移动，给试件进行加载。

驱动控制单元由主机上的操作键盘、DOLI 控制器与计算机组成。

DOLI 控制器和计算机联机，整个加载过程由 DOLI 控制器进行控制由计算机显示。这样通过专门的试验软件可以很方便地在计算机上进行试验前的参数设定、试验数据显示和鼠标操作控制。一方面可以直接在计算机上控制活动横梁的移动方向和移动速率，另一方面须通过计算机才可切换到手动操作键盘控制。图 B-3 所示为主机上手动操作键盘简图，包括旋钮 1、状态灯 2、"STOP"键 3。调节可变电位器可无级调节活动横梁的移动速度，当顺时针旋转旋钮时，横梁移动速度增加；逆时针方向旋转旋钮时，横梁移动速度减小。速率值在计算机上实时显示。按"STOP"键横梁停止移动。状态灯指示横梁移动方向。在伺服器上有两个红色按钮，其中小按钮为主机电源开关，大按钮为快速停机断电的急停开关。加载时一般先

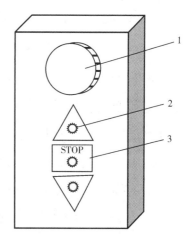

1—旋钮；2—状态灯；
3—"STOP"键

图 B-3　主机上手动操作键盘简图

在计算机上设定加载参数，包括控制方式、加载方向、加载速率和量程（在 300 kN 范围内可以按照需要设定量程），试验过程采用自动控制方式。当试验载荷值超过设定的量程范围时，微机控制电子万能试验机自动停止加载进行保护，此时若要重新试验，必须在计算机界面上按"停止"键，卸载后调整量程重新试验。另外，在主机上装有限位杆，限位杆连接急停开关。限位杆上面装有两个限位块，调整两个限位块位置，可用来限制活动横梁的移动范围，当活动横梁碰到限位块时，拉动限位杆急停关机，此时须调整限位块位置，启动主机后重新进行试验。

2. 电气控制系统

电气控制系统包括力测量系统、变形测量系统、位移测量系统及驱动控制系统。载荷的测量、位移的测量以及变形的测量分别由拉压力传感器、光电编码器、电子引伸计来进行测量。传感器测得的数据传送到 DOLI 控制器，并且信号经放大后在计算机操作界面上实时显示。DOLI 控制器每隔 50 ms 采集一次数据，所有测得的数据计算机全部自动存储到数据库中，经数据处理后，打印出实验报告。

控制的方式按照选用检测传感器的不同，可分为载荷控制、位移控制和变形控制，试验前要根据所做试验项目的试验规范进行标准速率设定。当试验过程中实际的加载速率与设定的标准速率不同时，DOLI 控制器发出调整指令，伺服电机做出转速调整使实际速率与设定的标准速率保持一致，在试验过程中这是个循环过程。电器控制系统的原理如图 B-4 所示。

3. 微机软件部分

微机软件部分主要通过计算机进行试验方案制订与选择、数据处理、数据分析、试验过程监测、试验结果的输出。下面做扼要介绍。

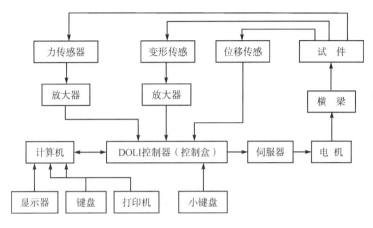

图 B-4　电气原理图

安装测试软件后，进入界面，如图 B-5 所示。

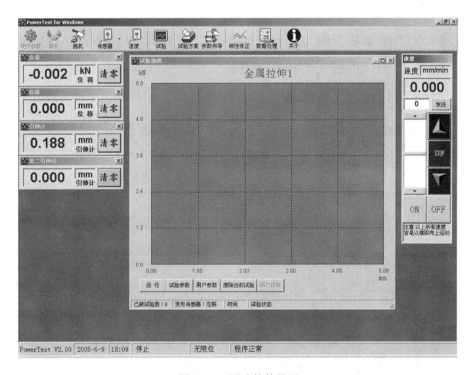

图 B-5　测试软件界面

界面上边为工具栏，功能包括试验方案设定，试验参数设定，试验机标定，线性修正和数据处理。

左边为传感器显示窗口，提供载荷、位移、引伸计的数值显示、清零和单位变换。

右边为速度控制窗口，在此可以控制活动横梁的上下移动和切换手动控制。

中间为试验窗口，实时作出 $X-Y$ 曲线图，曲线图可根据需要选择应力-应变曲线或载荷-变形曲线图。

下面为状态栏，显示软件的版本信息、当前日期、当前时间、当前设备运行状态以及其他信息。

二、操作步骤

（1）打开微机控制电子万能试验机、计算机、打印机。

（2）根据试件情况准备好夹具。

（3）根据试验要求准备好电子引伸计或大变形传感器。

（4）双击计算机桌面上的"Powertest"图标，进入测试软件。

（5）联机。选择合适的通信口、运行方向、单位、传感器、引伸计等。

（6）按照试验方案向导设置好试验方案。

（7）按照用户参数向导设置好用户参数。

（8）选择合适的试验方案。

（9）进入试验状态。

（10）按要求装夹好试件。

（11）输入用户参数。

（12）开始试验，计算机显示试验结果。

（13）打印试验报告。

（14）完成试验后，将该试验机和软件"脱机"。

（15）关闭该试验机、打印机、计算机。

三、注意事项

（1）每次开机后要预热 10 分钟，待系统稳定后，才可进行试验。

（2）如果刚刚关机，需要再开机，至少保证 1 分钟的间隔时间。

（3）要把活动横梁的位置限位块调整到合适位置，保证起到保护限位作用。

（4）若遇紧急情况，立即按下伺服器上或 DOLI 控制器上的红色急停开关，紧急停机。

附录 C　微机控制扭转试验机

一、构造原理

以 CTT - 2000 型微机控制扭转试验机(如图 C - 1 所示)为例进行介绍。其基本参数:最大扭矩为 2000 N·m,扭转速度在 0～720(°)/min 范围。

图 C - 1　微机控制扭转试验机外形图

1. 加载系统

加载系统由主动夹头、从动夹头、底座、移动支座、交流伺服电机、同步齿轮系统、减速器和驱动控制单元组成。试件装在主、从动夹头之间,由驱动控制单元发出指令,驱动伺服电机开始转动,经过减速器使主动夹头减速转动,然后进行加载。

驱动控制单元由手动操作按键板、微控制器和计算机组成。微控制器与计算机联机。加载控制方式采用角度控制,加载过程由微控制器与计算机自动控制。手动操作按键板(如图 C - 2 所示)由以下几个部分组成:

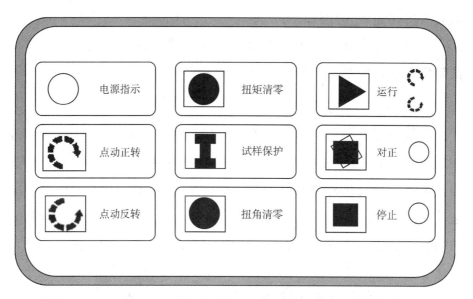

图 C-2　手动操作按键板

（1）"电源指示"灯（红色）：用来指示系统的供电情况。

（2）"点动正转"按键：按下该键机器做顺时针旋转，相应指示灯亮；松开即停，同时顺时针指示灯熄灭。

（3）"点动反转"按键：按下该键机器做逆时针转动，相应指示灯亮；松开停止，相应指示灯熄灭。

（4）"扭矩清零"按键：用于使扭矩测量值处于相对零位。

（5）"试样保护"按键：用于在装夹试件过程中，消除试件的夹持预负荷。按下按键，机器自动处于试件保护状态，试件的夹持预负荷保持为零。

（6）"扭角清零"按键：使扭转角测量值处于相对零位。

（7）"运行"按键：当各项试验预备工作完毕后，按下该键进入试验运行状态。该按键旁有两个正、反转指示灯，分别显示机器施加力矩的方向。

（8）"对正"按键：当一次试验完成后，按下该键使主动夹头与从动夹头自动返回初始位置，以便进行下一次试验。

　　试验过程中如遇到设备失控或其他紧急情况时，快速按下操作按键板右下侧的"停止"按键，防止损坏设备。

2. 电气控制系统

　　电气控制系统包括扭矩测量系统、扭角测量系统和驱动控制系统，其原理如图 C-3 所示。扭矩传感器固定在活动支座上，试件传递过来的扭矩使传感器产生相应的变形，并发出电信号，信号导入电控部分，由计算机进行数据采集和处理，并将结果显示在屏幕上。扭角测量装置由卡盘、定位环、支座、转动臂、测量辊、光电编码器组成。卡盘固定在试件的标距位置上，试件在加载负荷的作用下而产生变形，从而带动卡盘转动，同时通过测量辊带动光电编码器转动，由光电编码器输出角脉冲信号，发送给电控测量系统处理，最后通过计算机将扭角数据显示在屏幕上。

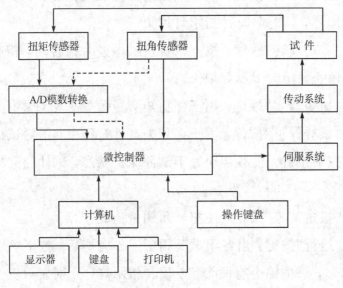

图 C-3　电气原理

控制方式采用单一扭角控制，可选用主动夹头的转动角或扭角测量系统测量出的试件标距位置上的相对扭转角进行速率控制。

3. 微机软件部分

微机软件部分主要通过计算机进行试验方案制订与选择、数据处理、数据分析、试验过程监测、试验结果的输出。

测试界面如图 C - 4 所示。

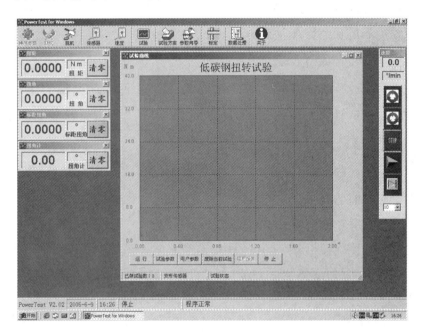

图 C - 4　测试界面

界面上边为工具栏，功能包括试验方案设定，试验参数设定，试验机标定，线性修正和数据处理。

左边为传感器显示窗口，提供扭矩、扭角的数值显示、清零和单位变换。

右边为速度控制窗口，在此可以控制电机转动的速度和方向。

中间为试验窗口，实时根据测得的数据作出扭角-扭矩曲线图。

下面为状态栏，显示软件的版本信息、当前日期、当前时间、当前设备运行状态以及其他信息。

二、操作步骤

（1）打开主机电源开关，启动计算机。

（2）根据计算机的提示，设定试验方案、试验参数。

（3）装夹试件。先按"对正"按键，使两夹头对正，然后将装好卡盘的试件放入从动夹头的钳口间，扳动夹头的手柄将试件夹紧。

（4）按下手动操作按键板上的"扭矩清零"按键或试验操作界面上的扭矩"清零"按钮。

（5）推动活动支座移动，使试件的头部进入主动夹头的钳口间。

（6）按下手动操作按键板上的"试样保护"按键，然后慢速扳动夹头手柄夹紧试件。

（7）按下手动操作按键板上的"扭角清零"按键，使操作界面上的扭角显示值为零。

（8）将测量辊放在卡盘上。

（9）按下"运行"键开始试验。

（10）试验完成后，根据实验的要求，输出、打印试验报告。

三、注意事项

（1）每次开机后要预热 10 分钟，待系统稳定后，才可进行试验。

（2）推动活动支座装夹试件时，切忌用力过大，以免损坏试件或传感器。

（3）若遇紧急情况迅速按下"停止"按键，调整后再重新启动扭转试验机。

附录 D　电阻应变仪简介

　　电阻应变仪是测量微小应变的精密仪器。其工作原理是利用粘贴在构件上的电阻应变片随同构件一起变形而引起其电阻的改变，通过测量电阻的改变量得到构件粘贴部位的应变。一般构件的应变是很微小的，要直接测量相应的电阻改变量是很困难的。为此采取电桥电路把应变片感受到的微小电阻变化转换成电路的输出电压信号，然后将此信号输入放大器进行放大，再把放大后的信号标定为应变表示出来。上述电桥电路与放大器集成在一起，便是电阻应变仪。

　　电阻应变仪的主要作用是配合电阻应变片组成电桥，并对电桥的输出信号进行放大、标定，以便直接读出应变数值。

　　大多数应变仪采用直流电桥，将输出电压的微弱信号进行放大处理，再经过 A/D 转换器转化为数字量，经过标定，直接由显示窗显示出应变（注意，应变仪上显示出的应变为微应变，即 $1\mu\varepsilon = 10^{-6}\varepsilon$）。其原理框图，如图 D-1 所示。

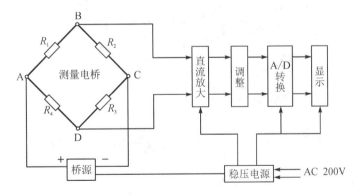

图 D-1　应变仪原理图

　　电阻应变仪的种类、型号很多，下面介绍两种常用的满足教学要求的并由单片微机控制的数字电阻应变仪。它们的共同点是手动控制时都是用数字键控制电子开关,进行测量通道切换。

一、CML-1H 应力-应变综合测试仪

1. 面板功能

(1) 接线柱。CML-1H 系列应力-应变综合测试仪面板上共设置 18 排接线柱(最右边两排为温度补偿片专用接线柱),可同时接入 16 组工作片,有 16 个测量通道。

(2) 应变显示窗(见图 D-2)。综合测试仪上设有 6 个应变值显示窗,若同时接入的测量通道多于 6 个,则通过翻页按钮实现测点显示切换。翻页的方法有两种:

① 通过数字键实现测点显示切换。

按数字键 1,窗口显示 1~6 测点应变。

按数字键 2,窗口显示 7~12 测点应变。

按数字键 3,窗口显示 13~16 测点应变。

② 通过数字键旁边的黑三角键来实现测点显示切换。

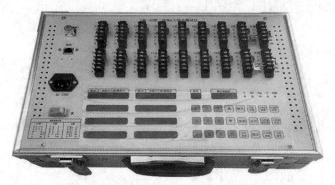

图 D-2　CML-1H 应力-应变综合测试仪

(3) 测力值指示窗。指示作用在被测构件上的力值,其单位可通过在传感器标定状态下,按窗口下的数字键来确定,分别如下所示:

按数字键 1,吨(t)指示灯亮;

按数字键 2，千牛（kN）指示灯亮；

按数字键 3，公斤（kg）指示灯亮；

按数字键 4，牛顿（N）指示灯亮。

2. 应变片与 CML－1H 应力-应变综合测试仪的连接

每组测点组成电桥的接线方式有三种方式，如图 D-3、图 D-4、图 D-5 所示。

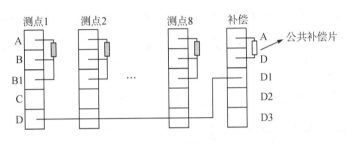

图 D-3　1/4 桥接线方法

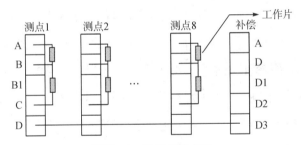

图 D-4　半桥接线方法

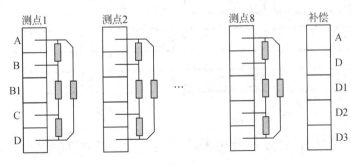

图 D-5　全桥接线方法

3. 操作说明

数字键(0～9)的功能：数字键由数字 0～9 以及增(▲)、减(▼)键组成，主要用于数据采集通道的测点显示切换、应变片 K 值大小的设置及测力标定。

功能键的功能：功能键共 6 个键，即"K 值设定"键、"应变清零"键、"应力清零"键、"标定"键、"确定"及"返回"键。

(1) 测点显示切换。可通过数字键 1、2、3 来实现测点显示切换，如图 D-6 所示，也可以通过增(▲)、减(▼)键的控制来实现测点显示切换。

(2) K 值修正。当应力表头显示测量界面时，用户按"K 值设定"键将表头显示切换为 K 值修正界面，此时可查看 K 值或对 K 值进行修正，即由数字键的输入对当前通道 K 值进行修改，如图 D-7 所示，如当前 K 值为 2.000，若操作者输入四位数 1999，则表头 K 值显示修正为 1.999。完成对应变片 K 值的设置后，按"确定"键保存对该通道的 K 值修正，并自动切换到下一通道。若再按"K 值设定"键则将 16 通道 K 值统一修改为与当前测点相同 K 值 1.999，并自动保存退回测量界面；若按"返回"键返回测量界面则不对设置进行保存。

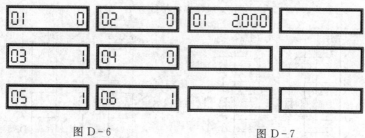

图 D-6　　　　　　　　　　　　　　图 D-7

应变值与 K 值显示最显著的差别是显示应变时 6 个表头显示测点和测量值，而 K 值显示则只有处于当前设置的通道有 K 值显示，其他表头为关闭状态。

（3）应变清零。按"应变清零"键，对所有应变测点进行清零。

（4）应力清零。按"应力清零"键，对传感器输入通道清零。

（5）传感器标定。按"标定"键可以标定测力通道所接传感器参数，即传感器满量程和灵敏度系数（mV/V），其操作步骤如下：

第一步设置传感器单位（见图D-8）。按一下面板上的"标定"键，这时测力数字表头左侧第一位显示L，在此种状态下前面板上数字键1～4与单位指示灯t、kN、kg、N顺序对应。根据传感器的单位按一下对应的数字键，面板上对应的单位指示灯点亮，按"确定"键，对设置进行保存，测力数字表头左侧第一位显示的L值消失，传感器单位设置完成，并切换到下一步。

图D-8

第二步设置传感器的灵敏度（见图D-9）。这时数字表上显示带小数点的四位数，输入传感器灵敏度，如1.988 mV/V，直接按数字键1、9、8、8即可（注意一定要输全四个数字），按"确定"键保存进入下一步。

第三步设置传感器满量程（见图D-10）。测力数字表头左侧第一位显示H，右侧四位显示满度值，输入传感器的满量程值，如100 N，直接按数字键1、0、0即可，按"确定"键，保存设置进入下一步。

第四步过载设置（见图D-11）。此时数字表头左侧第一位显示E，右侧四位显示过载报警值，如100，直接输入1、0、0即可，当传感器加载到设置值时警报器会发出蜂鸣报警，按"确定"键返回测量状态，全部标定设置完成。

图D-9　　　　图D-10　　　　图D-11

以上四步标定过程都可以按"返回"键放弃标定操作，直接返回测量界面。

4. 测量

仪器连接好应变片检查无误后打开电源，7 组数码管发亮并由 5 到 0 递减显示，完成仪器自检后机号显示位闪耀，由数字键输入该仪器在测试系统的联机站号后按"确定"键。（注意：在运行采集软件前，必须严格按要求设置系统仪器联机站号，如不联机测试可单独使用，即直接点击"确定"键。）

应变表头数字面板左部 1、2 位显示测点位置，第 3 位显示正负号，第 4～8 位显示应变值或 K 值（仪器设置的应变片灵敏度系数）。预热 40 分钟至 1 小时，检查每个测点初始不平衡值，如是较小不平衡数值并稳定时，表示此点连接正确。出现大的不平衡数值或数字"E"时，应查明应变片或导线是否存在断、短路或其他异常情况，根据具体情况排除故障。经此检查正确后对各通道清零后给试件加载，加载完成后按数字键进行测点显示切换查看记录载荷值，仪器约以每秒所有点的速率进行表头刷新显示。

二、UT7116Y 静态电阻应变仪

1. 面板说明

（1）输入及扩展输出：通信连接口。输入用来与主控设备通信，扩展输出用来级联下级设备输入，见图 D-12。

（2）补偿电阻：16 个通道 1/4 桥的公共补偿电阻。

（3）F（力通道）。此力通道与 16 通道连接，两者之间只能连接一个。

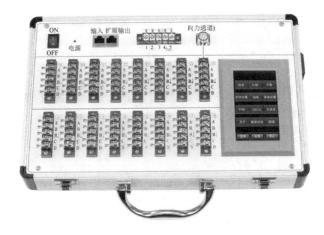

图 D-12　UT7116Y 静态电阻应变仪

　　（4）16 个测点。内置了由精密低温漂电阻组成的内半桥电路。同时又提供了公共温度补偿片的接线端子。

　　（5）参数设置主界面（见图 D-13）。设备开机后，在警告界面点击任意按键，将进入本设备的参数设置主界面。此界面中，窗口上部显示当前设备时间；"系统就绪"表示系统工作正常；右上角红色圆点表示系统现在于停止采集状态，黄色圆点表示系统现在处于采集状态，绿色圆点表示系统现在处于存储状态。

图 D-13　参数设置主界面

2. 接线方式

　　UT7116Y 静态电阻应变仪在进行应变测量时，有图 D-14 所示的几种电桥接法，每个测点都可通过不同的组桥方式组成全桥、半桥、1/4 桥（公共补偿）的形式。只需按电桥连接示意图连接应变片，并在计算机软件中将"测点参数设置"中的"连接形式"一栏设为相应的电桥形式即可。

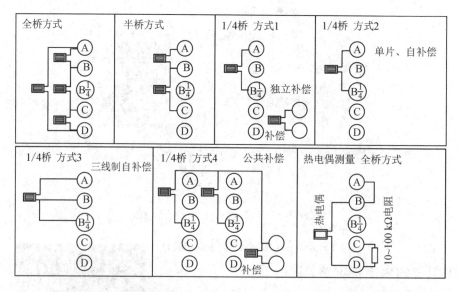

图 D-14　接线方式示意图

3. 主要功能及操作

参数设置主界面包括片阻、线阻、泊松比、灵敏度、限值、通道设置、平衡、检测、系统设置、时钟、关于、数据回放、菜单、采集、停止按键。

图 D-15　片阻设置界面

（1）片阻设置。点击"片阻"按键，窗口弹出片阻设置界面（见图 D-15），当测点颜色为绿色时表示测点已经被选择（点击某一测点，颜色变为白色，表示该测点没有被选择。如果要全部选择，可以点击"菜单"，再次进入，如果要全部不选择，点击"00号"），输入片阻值，点击"确认"。

（2）线阻设置。点击"线阻"按键，窗口弹出线阻设置界面（见图

D-16)，当测点颜色为绿色时表示测点已经被选择（点击某一测点，颜色变为白色，表示该测点没有被选择。如果要全部选择，可以点击"菜单"，再次进入，如果要全部不选择，点击"00 号"），输入线阻值，点击"确认"。

（3）灵敏度设置。点击"灵敏度"按键，窗口弹出灵敏度系数界面（见图 D-17），当测点颜色为绿色时表示测点已经被选择（点击某一测点，颜色变为白色，表示该测点没有被选择。如果要全部选择，可以点击"菜单"），输入灵敏度值，点击"确认"。

图 D-16　线阻设置界面　　　　　图 D-17　灵敏度系数界面

（4）限值。"限值"用于表示超过该设置限值，应变仪将该数值用红色显示，并且蜂鸣器报警。

（5）通道设置（见图 D-18）。"通道设置"用来对通道进行传感器选择、校正因子设置和桥接方式、单位的选择设置。

① 在"通道配置"界面下可选择相应的传感器，点击"应变""电压""力传感器""位移传感器"进入相应的传感器的设置界面。当测

点颜色为绿色时表示测点已经被选择,点击某一测点,颜色变为白色,表示该测点没有被选择。

　　② 常显通道选择。常显通道一般选择重要通道,如通过加载实验测试应变,力必须常显示以决定是否加载完毕。选择一个通道(只能选择一个通道),点击"常显",即选择了常显通道。选择后在通道配置界面下的显示通道信息中的通道号后面添加了@符号。比如"03@应变",即表示第三个通道是常显通道。常显通道在采集状态下,液晶屏始终能够查看该通道的采集值。

　　③ 桥接方式设置。至少选择一个通道,点击"应变",则进入应变的"桥接方式"界面(见图 D-19)。首先选择桥路(全桥、半桥、1/4桥),然后选择应变片连接方式。在通道选择为应变类型后,其相应通道的单位就默认为 $\mu\varepsilon$。

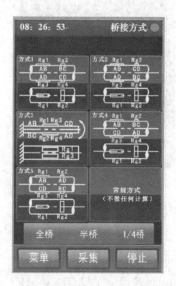

图 D-18　通道设置界面　　　　图 D-19　桥接方式界面

　　④ 传感器设置。在通道设置界面点击传感器(电压、力传感器、位移传感器),则进入传感器设置界面(见图 D-20),在传感器设置界面

选择桥接方式和单位。如果已选择的通道的单位一致，则单位显示默认单位（力单位为 N，位移单位为 mm，电压单位为 V），点击单位即返回到上级菜单。在采集界面中，通过查看单位基本就可以得出通道类型。

⑤ 校正因子设置。在传感器设置界面下，点击"校正因子"显示框，进入校正因子设置界面（见图 D - 21），传感器的校正因子（μV/工程单位）可设置的范围在 0.0001～999 999 之间。其计算方法举例如下：某力传感器最大测力为 700 kg(6864.655 N)，灵敏度为 2 mV/V，由于桥压为 2 V，因此 2 V 桥压工作输出最大力信号为 4 mV(4000 μV)，则校正因子＝4000 μV/6864.655 N＝0.5827 μV /N。

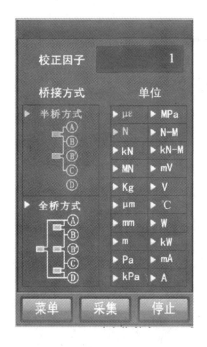 

图 D - 20　传感器设置界面　　　图 D - 21　校正因子设置界面图

（6）平衡设置。点击"平衡"按键，弹出如图 D - 22 所示界面。当测点为"√"时表示测点已经被选择，当测点为"□"时表示测点没有

被选择。平衡时，只平衡已经被选择的测点。点击该测点可在"√"和
"□"之间切换。或者"全选"，然后点击"平衡"。平衡过程非常快，它
是将内存中前一次采集的原始数据作为不平衡量保存。

图 D-22　平衡设置界面

附录 E　冲击试验机

一、冲击试验机原理

冲击试验必须在冲击试验机上进行，材料力学中的冲击试验是指常温简支梁的大能量一次冲击试验。由于冲击载荷的加载速度很高，冲击力很难准确测定，因此冲击载荷习惯上用能量的形式来描述。冲击试验机原理如图 E-1 所示。其工作原理是：一定质量的摆锤从规定高度自由下摆，一次性打击安放在样品台上的处于简支梁状态的缺口试件，试件吸收能量断裂，摆锤下摆过程中，其势能转化为动能，测定在撞击试件前后的势能差，即可计算试件断裂所吸收的能量 A_K，A_K 除以试件缺口截面面积可得此种材料的冲击韧性 α_K。其计算公式如下：

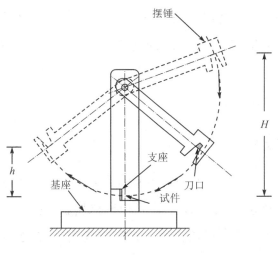

图 E-1　冲击试验机原理

$$\begin{cases} W = QH - Qh \\ H = l(1 - \cos\alpha) \\ h = l(1 - \cos\beta) \end{cases} \tag{E-1}$$

由 $W = Q(H - h) = Ql(\cos\beta - \cos\alpha)$，可得

$$\alpha_K = \frac{W}{A} \tag{E-2}$$

式(E-1)和式(E-2)中：

W——撞击试件前后的势能差（冲击吸收功）；

H——冲击前摆锤高度；

h——冲击后摆锤高度；

α——冲击前摆锤的最大扬角；

β——冲击后摆锤的最大扬角；

l——摆长（摆轴到摆锤重心的距离）；

A——试件缺口底部的截面面积。

由于摆锤重量、摆杆长度、冲击前摆锤的最大扬角 α 均为常数。因而只要知道冲断试件后摆锤的最大扬角 β，即可根据上式计算出冲击吸收功。现在的冲击试验机内置单片机，可直接采集数据并进行处理，并显示出结果。

二、试验机装置

冲击韧性一般通过一次摆锤冲击弯曲试验来测定。摆锤式一次冲击试验机是目前使用比较广泛的冲击试验机。摆锤 G 高高举升 H 高度，使之具有势能，释放摆锤，让它以规定的受力形式冲击标准试件，使试件破坏。试验用的材料必须按要求加工成标准试件，常用的标准冲击试件有两种：一种为 U 型缺口试件，一种为 V 型缺口试件，如图 E-2 所示，详细尺寸见 GB/T229—2007。冲击试验机的标

准打击能量为(300±10)J 和(150±10)J，打击瞬间，摆锤的冲击速度应为 5.0～5.5 m/s。根据需要，也可使用其他冲击能量的试验机。

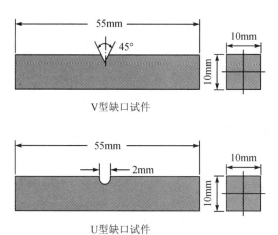

图 E-2　冲击试件简图

摆锤式一次冲击试验机的形式有悬臂式和简支梁式两类，如图 E-3、图 E-4 所示。现介绍 QCJ-300 自动冲击试验机。

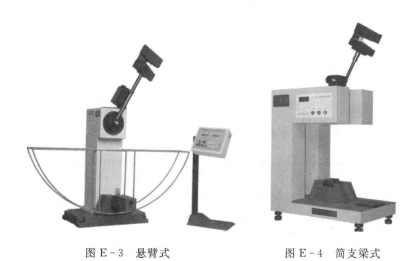

图 E-3　悬臂式　　　　　　　　图 E-4　简支梁式

1. 主机结构

QCJ-300 自动冲击试验机，如图 E-3 所示。主机由轴系(由摆锤、摆钩、减速机、电磁离合器与主轴组成)、电机、机壳、防护架和底座几部分组成。该试验机有 150 J 和 300 J 两个摆锤，可根据需要的冲击能量选择摆锤。摆钩作用是在举摆时托住摆锤，冲击时，摆钩脱开，摆锤自由下落，完成冲击试验。由减速机、电磁离合器与主轴组成的轴系，通过电磁离合器吸合使减速机输出轴与主轴连接，通过电机正转、反转完成举摆、放摆动作。电机与减速机通过皮带轮连接。防护架起防护作用。底座上有一个水平台，它是整机找水平的基准。主轴与光电编码器相连测量摆锤旋转角度。

2. 控制系统

控制系统由 Intel 单芯片处理器 89C52 作 CPU，它可完成冲击试验过程控制、数据处理、打印数据。试验数据是通过数码管显示的。控制系统通过电控箱面板的按键预制试验参数、输出试验结果、标定系统。冲击、举摆、放摆、自动送料通过操作电控箱按钮(见图 E-5)实现。控制系统有一个急停按钮，以防止出现意外情况时，紧急断掉电力电源。

3. 试验步骤

(1) 选择合适摆锤。冲击试验机一般有两个摆锤，应保证在摆锤最大能量的 10%～90%范围内使用。

(2) 记录室内温度。冲击试验室温应在 10～35℃进行，对试验温度要求严格的试验应在(20±2)℃进行。

(3) 测量试件尺寸。用游标卡尺测量试件缺口底部横截面尺寸，测三次并取平均值。

(4) 放置试件。在装料夹里，装入试件。试件应紧贴支座放置，并使试件缺口的背面朝向摆锤刀刃。试件缺口对称面应位于两支座对称面上，其偏差不应大于 0.5 mm。此过程，是在摆锤自由悬垂静止时完成，否则，容易发生意外。

（5）清零。在摆锤自由悬垂静止时，按"清零"键完成角度清零。

（6）自动送料。"自动送料"灯亮表示在试验过程中，试件已装入料夹，可自动送料。再按"自动送料"按钮，灯灭表示在试验过程中，试件装入料夹，可手动送料。

（7）举摆。按"取摆"按钮，系统开始举摆，举到摆钩位置停止举摆，这时的扬角为150°，如果按"清零"键，系统默认为150°。

（8）冲击。按"冲击"按钮，系统开始进行冲击试验。"冲击"按钮灯亮表示开始试验，灯灭表示试验结束。冲击完成后显示冲击吸收功，此时按"删除"键，冲击试验机返回正常试验状态，否则一直显示试验为冲击状态，显示窗口显示冲击功。

（9）打印试验结果。按"打印"键，显示窗口显示"Print"，打印试验结果。冲击吸收功至少应保留两位有效数字，修约方法按GB8170—2008执行。

试验完成后，整理工具，清扫现场。

4. 操作注意事项

（1）在冲击试验过程中出现意外情况，应立即按"急停"按钮。

（2）安装试件时，严禁抬高摆锤。按"送摆"按钮，系统开始送摆，放到接近最低位置，停止送摆。

（3）必须在锤体自由悬垂静止后方可把角度值清零。在其他角度位置（除了扬角为150°）清零，系统就会默认此位置为机械零点，数据会有很大偏差，冲击完成后，系统不能控制摆锤停止，摆锤会不停摆动。

（4）当摆锤抬起后，不得有人在摆锤摆动、打击方向范围内活动，以免发生人身危险。

（5）在开机前必须检查主机的连接线、插头、插座、电源插头是否正确。

（6）突遇停电，应马上关掉所有电源，待确认供电稳定后再开机。

（7）本机启动运行后切勿离开，防止出现意外情况。

注：

（1）材料抵抗冲击荷载作用的能力用冲击韧度来表示。冲击试验的分类方法很多，从温度上分为高温、常温、低温三种；从受力形式上分为冲击拉伸、冲击扭转、冲击弯曲和冲击剪切；从能量分为大能量一次冲击和小能量多此冲击。

（2）α_K 值越大，材料的冲击韧性越好。温度对冲击韧性有重大影响，当温度降到一定程度时，冲击韧性大幅度下降而使材料呈脆性，这一现象称为冷脆性，这一温度范围称为脆性转变温度或脆性临界温度，如图 E-6 所示。转变温度愈低，说明材料的低温冲击韧性愈好。

图 E-5　QCJ-300 自动冲击试验
　　　机控制面板

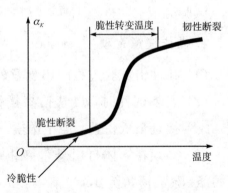

图 E-6　韧脆转变温度

附录 F　误差理论

在这一部分中我们讨论测量误差、计算误差及误差处理。

1. 测量误差

在实验中一切度量都只能近似地进行，所以测得的近似值与"真值"（最可能值或最理想值）之间的差即称为误差。在通常的工程技术或实验中，误差是用常识或经验来解决的，但是在较复杂的情况下这种做法就会影响实验的精确度，甚至会导致错误的理论。误差理论就是研究如何正确处理误差，以最好地（最近似地）反映客观"真值"（最可能或最理想）的一般理论。

对于同一量进行多次测量，其每一次的测量结果必然不尽相同，误差就是每次测量值与真值之间的差。造成误差的原因很多，一种是实验操作错误或人们粗心大意而引起的。例如，将刻度盘上的读数读错、单位搞错等。这种错误只要认真仔细地进行实验就会避免。这里不研究这些误差。除此而外，还有一些误差是难以避免的，必须研究产生这些误差的原因，并进行正确处理。

实验误差一般可分为两类：系统误差和偶然误差。

系统误差通常是同一符号而且常是同一数量级，它是由某些确定因素所引起的，如试验机结构之间的摩擦、载荷偏心、试验机测力系统未经校准以及实验条件改变等。这些误差是可以设法消除掉的，例如，对试验机和应变仪等定期校准和检验，又如单向拉伸时由于夹具装置等原因而引起的偏心问题，可以在试件上安装双表或在两对面粘贴电阻应变片来减小这种误差。系统误差愈小，表明测量的准确度愈高，也就是接近真值的程度愈好。

偶然误差是由一些偶然因素所引起的，偶然误差的出现常常包含很多未知因素在内。我们无论怎样控制实验条件的一致，也不可避免偶然误差的产生，对同一试件的尺寸多次测量其结果的分散性就来源于偶然误差。偶然误差小，表明测量的精度高，也就是数据"再现性"好。

实验表明，在反复多次的观测中，偶然误差具有以下特性：

（1）绝对值相等的正误差和负误差出现的机会大体相同；

（2）绝对值小的误差出现的可能性大，而绝对值大的误差出现的可能性小；

（3）随着测量次数的增加，偶然误差的平均值趋向于零。

（4）偶然误差的平均值不超过某一限度。

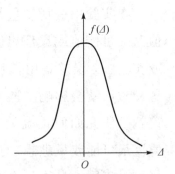

图 F-1　偶然误差的正态频率曲线

根据以上特性，可假定偶然误差 Δ 服从母体平均值为零的高斯正态分布，见图 F-1。

$$f_{(\Delta)} = \frac{1}{\sigma\sqrt{2\pi}} e^{-\frac{\Delta^2}{2\sigma^2}}$$

2. 计算误差

在运算过程中的各种数值皆是近似的，因此运算所得的结果必然也是近似的。如果正确认识了计算过程中的计算误差问题可使运算大大简化。这里只介绍一般运算中的几个基本结论。

（1）和差运算时，最大绝对值误差 $|\Delta|$ 不会超过各项最大绝对误差之和。设 $|\Delta_1|$、$|\Delta_2|$ 各为数量 M_1 及 M_2 的近似值 m_1 和 m_2 的最大绝对误差。则 $M = M_1 + M_2$ 的近似值 $m = m_1 + m_2$ 的最大绝对值误差

$$|\Delta| \leqslant |\Delta_1| + |\Delta_2|$$

注意： 上述法则对于两个相差甚大的数在相减时是正确的。但是对两个十分接近的数在相减时，有效位数大大减少，上述结论就不适用。在建立运算步骤时要尽量避免两个接近相等的数进行相减。

（2）如果经过多次连乘除后要达到 n 位有效位数，则参加运算的数字的有效位数至少要有 $(n+1)$ 位或 $(n+2)$ 位。

例如，两个 4 位有效位数的数字经过两次相乘或相除后，一般只能保证 3 位有效位数。

（3）如果被测的量 N 是许多独立的可以直接测量的量 x_1，x_2，…，x_n 的函数，一个普遍的误差公式可表示为

$$N = f(x_1 x_2 \cdots x_n)$$

N 的绝对误差 ΔN 与各量的绝对误差 Δx_1，Δx_2，…，Δx_n 有如下关系：

$$\Delta N = \frac{\partial f}{\partial x_1} \Delta x_1 + \frac{\partial f}{\partial x_2} \Delta x_2 + \cdots + \frac{\partial f}{\partial x_n} \Delta x_n$$

相对误差：

$$E = \frac{\Delta N}{N} = \frac{1}{f(x_1, \Delta x_2 \cdots \Delta x_n)} \left[\frac{\partial f}{\partial x_1} \Delta x_1 + \frac{\partial f}{\partial x_2} \Delta x_2 + \cdots + \frac{\partial f}{\partial x_n} \Delta x_n \right]$$

3. 误差处理

现在要讨论测量值的取舍问题。

在测量值中有时会出现一个或少数几个与别的测量值相差甚大的值，对于这些个别测量值的处理不当将会影响实验的最终结果。从正态误差分布曲线知道大误差出现的可能性是很小的，因而决定测量数据的取舍通常遵循下列判别准则。

（1）3 倍标准偏差准则（3σ 准测）。

当个别测量值的误差值超过标准偏差 3 倍时就应该舍弃该测量值，$\Delta k \geqslant 3\sigma$ 时，舍弃 m_k，出现这样一个误差大于 3σ 的测量值的概

率小于 0.003，也即在大于 300 次的测量中才有可能出现一次这样的误差（见图 F‑2）。若我们采用 2σ 准则（即舍弃 $\Delta \geqslant 2\sigma$ 的测量值）则误差出现大于 2σ 的概率小于 0.04。3σ 准则在处理较大量的实验数据时采用。

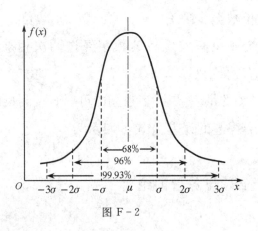

图 F‑2

（2）半次准则。

在 n 次的实验测量中，出现误差 Δ 的可能次数小于半次（$\frac{1}{2}$ 次）的测量值应该舍弃。在实验数据较少时可采用此判别准则。

设出现误差小于 Δ 的概率为

$$\rho_\Delta = \frac{2}{\sqrt{\pi}} \int_0^{h_\Delta} \mathrm{e}^{-t^2}\, \mathrm{d}t$$

则出现误差大于 Δ 的测量值的概率则为（$1-\rho_\Delta$）。在 n 次测量中，出现误差大于或至少等于 Δ 的测量的可能次数为半次时的概率为

$$\rho_\Delta = \frac{2n-1}{2n}$$

例如：$n=10$ 次，则 $\rho_\Delta = 95\%$，查正态概率积分表，得 $h_\Delta = 1.386$，又由于 $h\sigma = \dfrac{1}{\sqrt{2}}$，得 $\Delta = 1.96\sigma$。即当 $\Delta k \geqslant 1.96\sigma$ 时，舍弃该

测量值 m_k。

若 $n = 50$ 次，则 $\rho_\Delta = 99\%$，得 $\Delta_k = 2.58\sigma$，即当 $\Delta = 2.58\sigma$ 时舍弃该测量值 m_k。

若 $n = 100$ 次，则 $\rho_\Delta = 99.5\%$，得 $\Delta_k = 2.90\sigma$，即当 $\Delta = 2.90\sigma$ 时舍弃该测量值 m_k。

例题 1　设有一组实验测量数据：38，31，45，28，26，30，32，33，33，33，求其最可能值及其可能误差。

解　最可能值为

$$m = \frac{\sum_{i=1}^{n} m_i}{n}$$

$$= \frac{38 + 31 + 45 + 28 + 26 + 30 + 32 + 33 + 33 + 33}{10} = 32.9$$

误差平方和为

$$\sum_{i=1}^{n} \Delta_i^2 = (5.1)^2 + (1.9)^2 + (12.1)^2 + (4.9)^2 + (6.9)^2 +$$

$$(2.9)^2 + (0.9)^2 + (0.1)^2 + (0.1)^2 + (0.1)^2$$

$$= 256.9$$

标准偏差为

$$\sigma = \sqrt{\frac{\sum_{i=1}^{n} \Delta_i^2}{10}} = \sqrt{\frac{256.9}{10}} = 5.069$$

根据半次准则，若 $n = 10$，$\rho_\Delta = 0.95$，则

$$\Delta = 1.96\sigma = 1.96 \times 5.069 = 9.94$$

可见测量值 45 的误差 $12.1 > 9.94$，测量值 45 应该舍弃。

于是最可能值 $m = \dfrac{329 - 45}{9} = 31.6$，而

$$\sum_{i=1}^{n} \Delta_i = (6.4)^2 + (0.6)^2 + (3.6)^2 + (5.6)^2 + (1.6)^2 + (0.4)^2 +$$

$$(1.4)^2 + (1.4)^2 + (1.4)^2$$

$$= 94.24$$

$$\sigma = \sqrt{\Delta_i^2} = \frac{\sqrt{94.24}}{9} = 3.24$$

同理　$\Delta/\sigma = 1.92$，$\Delta = 1.92\sigma = 6.22$。

　　题中的数据(除 45 之外)仅有一个测量值 38 的误差比 6.22 大 0.28，因此题中的数据(除 45 之外)皆为有效测量值，其最可能值 $m = 31.6$。

附录G　几种常用材料的主要力学性能

表 G-1 中列出了几种常用材料的主要力学性能指标，以供参考。其他材料的力学性能以及其余力学性能指标可查阅有关设计手册。

表 G-1　几种常用材料的主要力学性能

材料名称	牌号	σ_s/MPa	σ_b/MPa	E/GPa	G/GPa	μ
钢	A₃	216~235	373~461	186~216	76~81	0.25~0.33
	A₅	353	598	186~216	76~81	0.25~0.33
	40Cᵣ	785	981	186~216	76~81	0.25~0.33
	16Mn	274~343	471~510	186~216	76~81	0.25~0.33
铝合金	LY-2	274	412	71	26.5	0.33
	LC4	412	490	71	26.5	0.33
铜合金	锡青铜(软)	130~245	300~400	103~113	39~42	0.3~0.35
	铝青铜(软)	157~324	370~680	103~113	39~42	0.3~0.35
	铍青铜(软)	245	390~588	103~113	39~42	0.3~0.35
灰铸铁	HT15-33	—	98~275(拉) 250~657(压)	78~147	44	0.23~0.27
球墨铸铁	QT60-2	412	588	158	60~63	0.25~0.29
混凝土	—	—	0.3~1.0	137~35.3	—	0.16~0.18
橡胶	—	—	—	0.008	—	0.47

附录 H　国际单位换算表

表 H-1　国际单位制的基本单位及导出单位

（仅选与力学有关的部分单位，其余单位可参考法定计量单位使用手册）

物　理　量		单　位　名　称	符号	备注
基本单位	长度（Length）	米（Metre）	m	
	质量（Mass）	公斤（Kilogram）	kg	
	时间（Time）	秒（Second）	s	
导出单位	力（Force）	牛顿（Newton）	N	
	应力（Stress）	帕斯卡（Pascal）	Pa	$1\ Pa=1\ N/m^2$
	压力（Pressure）			
	力矩（Moment of Force）	牛顿米（Newton Metre）	N·m	
	功（Work）　能（Energy）	焦耳（Joule）	J	$1\ J=1\ N·m$
	功率（Power）	瓦特（Wart）	W	$1\ W=1\ J/S$
	速度（Velocity）　速率（Speed）	米每秒（Metre per Second）	m/s	
	加速度（Acceleration）	米每二次方秒（Metre per Second Square）	m/s^2	
	面积（Area）	平方米（Square Metre）	m^2	
	体积（Volume）	立方米（Cubic Metre）	m^3	

表 H-2　现用单位换算为国际单位

物理量	米制或英制单位	国际单位	国际单位应乘以的系数	备　注
长　度	英寸(in)	米(m)	2.54×10^{-2}	
力	磅力(lbf)	牛顿(N)	4.448	
	千克力(kgf)	牛顿(N)	9.807	
力矩	千克力米(kgf·m)	牛顿米(N·m)	9.807	精确值为 9.80665
功、能	千克力米(kgf·m)	牛顿米(N·m)	9.807	
功　率	千克力米每秒(kgf·m/s)	瓦特(W)	9.807	
	马力(HP)	瓦特(W)	746	
应力、压力	千磅力每平方寸(ksi)	帕斯卡(Pa)	6.895×10^{6}	
	千克力每平方米(kgf/m^2)	帕斯卡(Pa)	9.807	精确值为 9.80665
大气压	760 mm·Hg	帕斯卡(Pa)	1.013×10^{5}	

说明：国际单位制中建议不采用表 H-2 中的米制或英制单位。

表 H-3　国际计量系统的十进倍数和分数单位的词头

因次	词　头	符号	因次	词　头	符号
10^{12}	太(Tera)	T	10^{-1}	分(Deci)	d
10^{9}	吉(Giga)	G	10^{-2}	厘(Centi)	c
			10^{-3}	毫(Milli)	m
10^{6}	兆(Mega)	M	10^{-6}	微(Micro)	μ
10^{3}	千(Kilo)	k	10^{-9}	纳(Nano)	n
10^{2}	百(Hecto)	h	10^{-12}	皮(Pico)	P
			10^{-15}	飞(Femto)	f
10^{1}	十(Deca)	da	10^{-18}	阿(Atto)	a

参 考 文 献

[1]　刘鸿文，吕荣坤. 材料力学实验[M]. 4 版. 北京：高等教育出版社，2017.

[2]　杨绪普，董璐，王波，等. 工程力学实验[M]. 北京：中国铁道出版社，2018.

[3]　贾杰，丁卫. 力学实验教程[M]. 北京：清华大学出版社，2012.